模拟电子电路实验

黄慧春　堵国樑　编著

东南大学出版社
SOUTHEAST UNIVERSITY PRESS
·南京·

内 容 简 介

本书可以用于"模拟电子电路""模拟电子技术""电子电路基础""电子线路"等理论课程配套的实验指导,也可以作为"模拟电子电路实验""模拟电子技术实验"等课程的教学用书。

本书有 4 章内容,分别为模拟电子电路实验概论、模拟电子电路基本单元实验、模拟电子电路综合设计实验、常用元器件基本性能介绍。内容的设计依据由简到难、有虚(仿真实验)有实(实物电路实验)、由模仿学习到自主设计的编写思路,使学生由"学会"向"会学""会用"转变,培养学生理论联系实际、解决复杂工程问题的能力。所有的实验内容都经过了多轮的教学实践,证实了电子合理性和有效性。教材的编写也采用了全新的模式,构建了立体化、信息化的教材体系,包括纸质教材、网上课程、电子课件、实验视频、仪器操作介绍、元器件特性、数据手册、仿真实验等,通过扫描纸质教材中的二维码查阅相关资源,既有助于学生的学习,也有利于教师的备课。

本教材可以作为电子工程、信息工程、电气工程、自动控制、仪器科学工程、生物医学工程等电类专业本、专科学生教材或教学参考书,也可作为参加电子设计竞赛等课外研学活动的参考书,对模拟电路设计工程师和技术人员也有一定的参考意义。

图书在版编目(CIP)数据

模拟电子电路实验 / 黄慧春,堵国樑编著. —南京:东南大学出版社,2024.3(2024.9重印)

ISBN 978-7-5766-0631-7

Ⅰ. ①模… Ⅱ. ①黄…②堵… Ⅲ. ①模拟电路—实验—教材 Ⅳ. ①TN710-33

中国国家版本馆 CIP 数据核字(2024)第 053376 号

责任编辑:姜晓乐 责任校对:韩小亮 封面设计:王 玥 责任印制:周荣虎

模拟电子电路实验

Moni Dianzi Dianlu Shiyan

编 著:	黄慧春 堵国樑
出版发行:	东南大学出版社
社 址:	南京四牌楼 2 号 邮编:210096
出 版 人:	白云飞
网 址:	http://www.seupress.com
经 销:	全国各地新华书店
印 刷:	南京玉河印刷厂
开 本:	787 mm×1 092 mm 1/16
印 张:	13.75
字 数:	318 千
版 次:	2024 年 3 月第 1 版
印 次:	2024 年 9 月第 2 次印刷
书 号:	ISBN 978-7-5766-0631-7
定 价:	48.00 元

本社图书若有印装质量问题,请直接与营销部调换。电话(传真):025-83791830

前　言

本教材是在多年教学改革的基础上编写而成的,实验内容经过了多轮的实践证实其合理性和有效性,以这些内容为主要支撑建设的"模拟电子电路实验"课程也成为首批国家级线上一流课程。

本教材的撰写思路是以学生为本,以系统设计概念为主导,以项目为载体设计实验内容,强调实验的自我创新设计、落实实验的工程背景及实用价值,使实验从验证理论知识过渡到架设理论知识与工程应用之间桥梁的作用,明确实验的目的性,进一步激发学生的实验积极性。基本单元实验内容及实验步骤的设计,从简单的模仿实验开始到自我设计单元实验,引导学生开展实验的完整过程,实现由"学会"到"会学""会用"的转变;综合设计实验内容的编写除了实验目的、工程背景及实用价值等基本的实验信息外,没有提供现成的实验电路,只是引导学生如何分析实验要求、如何充分利用单元实验内容构建电路、如何开展性能指标的测量等方式方法,培养学生的自主学习能力。为了引导学生系统设计的理念,在编写每个基本单元实验内容时,充分展现每个单元实验的特点功能及应用,学生在做完几个相关的单元实验后,把实验内容进行有机的拼接,就可以构建一个简单的电子系统,同时,也为后续综合系统设计实验打好基础,使学生综合系统设计能力得到很好的提升。

本教材既可以作为模拟电子电路、模拟电子技术、电子线路等理论课程配套的实验指导,也构建了模拟电子电路实验完整的课程体系,教材分为以下 4 章内容:

第 1 章 模拟电子电路实验概论:明确了模拟电子电路实验的目的、意义、学习方法,提出了模拟电子电路实验的基本要求,介绍了实验电路的设计与调试步骤、模拟电子电路实验的基本测量方法等概念。

第 2 章 模拟电子电路基本单元实验:由 16 个实验组成,基本覆盖了模拟电子电路的知识点,可以与模拟电子电路理论课程的教学内容相配套衔接,通过实验目的、实验原理的介绍,明确每个实验的设计意图,所要用到的基本理论知识等,实验内容详细介绍了实验要求、仿真实验、实物电路实验的完整过程,以及在实验过程中常见的故障及可能的原因。对学有余力的学生可以参考实验内容要求,完成选做实验的内容,达到因材施教的教学目的;每个基本实验的最后都给出了设计指导,引导学生从模仿到练习,再到设计,培养学生理论联系实际的学习能力。

第3章 模拟电子电路综合设计实验:实验项目以实际工程问题为背景,提出应用系统需要实现的功能和具体性能指标,并且以基本要求、提高要求和创新发挥三个不同层次给出不同的要求,既可以使学生掌握如何利用学到的知识构建一个实用的装置,达到学以致用的目的,又充分体现实验项目的高阶性、创新性、挑战度,提高学生的综合应用能力、独立思考能力及创新设计能力,利用设计指导,引导学生掌握设计应用系统的思路和方法。每个实验之后的应用拓展,介绍了一些与本实验相关的实际应用,进一步拓宽学生视野,提高学生解决复杂工程问题的能力。

第4章 常用元器件基本性能介绍:介绍常用元器件性能指标,包括电阻、电容、电感、二极管、三极管、场效应管等半导体分立器件,以及常用集成电路如运算放大器、集成功率放大器、三端集成稳压器、555集成定时器等。引导学生读懂手册、理解参数、合理选择元器件,使学生能很好地完成模拟电子电路实验的电路设计、调试、测量等各个环节,也可以为学科竞赛等课外研学活动提供参考。

本教材的撰写采用了全新的思路和方式,构建了全方位多资源的新形态教材,与纸质教材配套的有:国家级线上一流课程、课件PPT、实验视频、仪器操作介绍、元器件特性、数据手册、仿真实验内容等等,所有这些资源都可以扫描教材内的二维码查阅,充分利用这些资源,既有助于学生学习掌握模拟电子电路的实验内容,也有利于教师的备课准备,达到事半功倍的教学效果。

本教材介绍的实验内容,不管是基本单元实验还是综合设计实验,每个实验之间没有必然的前后关系,可以根据不同的教学计划、教学大纲、课程的学时数等灵活选用。每个单元实验计划2~3学时,实验内容可以按照教材介绍的顺序先做与运算放大器相关的实验,也可以选择先做三极管放大电路等相关实验。综合设计实验也可以作为模拟与数字电路课程设计的参考。

本教材由黄慧春老师和堵国樑老师共同撰写完成,撰写过程中很多老师提出了合理建议及修改意见,上海有擎科技有限公司、南京凌速科技有限公司、深圳鼎阳科技有限公司、德州仪器公司等对本书的内容组织也提供了大力的支持,本书的出版发行也是东南大学出版社姜晓乐编辑认真细致工作的成果,在此一并表示感谢。

由于时间紧促,编者水平有限,错误和不妥之处在所难免,恳请读者提出批评指正。

编者

2024 年 2 月

目　录

第1章 | 模拟电子电路实验概论

模拟电子电路实验是学习模拟电子电路(模拟电子技术)的重要环节之一,实验既能加深对理论知识的理解和掌握,学会电子技术的基本操作技能,也是学以致用,培养学生解决复杂工程问题能力的重要基础。本章包括4部分内容:实验的目的、意义及学习方法、模拟电子电路实验的基本要求、实验电路的设计与调试步骤、模拟电子电路实验的基本测量方法。

1.1 实验目的、意义及学习方法

1.1.1 模拟电子电路实验的目的、意义

实验是科学研究的基本方法之一,是根据科学研究的目的,将事物置于可控制的或特定的条件下,尽可能地排除外界的影响,突出主要因素并利用一些专门的仪器设备加以观测的过程,是对事物发展规律进行科学认识的必要环节,是科学理论的源泉、自然科学的根本、工程技术的基础。任何科学技术的发展都离不开实验的支撑。

模拟电子电路(模拟电子技术)是电气、电子信息类专业一门实践性很强的学科基础课程,通过课程的学习可以使学生获得模拟电子技术的基本的理论、基本知识和基本分析方法,而与之相配合的实验是该课程体系中的重要教学环节之一。通过电路的连接、安装、调试和测试等实验过程,培养学生运用理论知识分析和解决实际问题的能力,从而能发现理论的近似性和局限性,发现新问题、产生新设想,培养学生的创新意识和创新能力,推动电子技术的进一步发展。

模拟电子电路实验的基本目的是使学生在掌握基础实验知识、基础实验理论、基本实验技能的基础上,学会识别和选择所需元器件,设计、安装和调试电路,分析实验结果。通过仿真实验与实物实验的紧密结合,线上实验和线下实验的相互支撑,以及从以

验证性为主的单元电路实验到自我设计的综合性实验的提升,培养学生对知识的综合运用能力和创新能力,使之成为善于把理论知识与实践相结合的高技术人才,为培养高素质创新人才奠定基础。

1.1.2 模拟电子电路实验课的特点

(1)模拟电子电路知识点多,电路变化多,需要测量的参数多,受实验环境条件的影响也明显。既有直流静态参数的调试,又有交流动态指标的测量;既有电压、电流等的直接测量,又有输入输出电阻、功率等的间接测量;既有电路的线性特性测量,又有非线性特性研究。针对不同的测量对象,需要采用不同的测量仪器和不同的测量方法,需要学生对实验电路的研究对象有比较完整、清楚的认知,熟悉不同的仪器仪表的使用方法。

(2)模拟电子电路实验中所用到的元器件品种繁多,特性各异,开展实验前需要理解和掌握不同的元器件的特性参数,根据实验要求正确选择并合理使用。若选择不合理或使用不当,不但完成不了实验指标要求,还有可能会损坏元器件,甚至可能会造成更严重的事故。

(3)电子元器件参数的离散性很大,同一型号的器件其参数也不完全一致,同样标称值的电阻、电容、电感等,其实际参数也有一定的偏差,从而导致所设计的电路在仿真时能得到的性能指标,在实物电路实验时不一定能得到;同样的电路结构和元器件参数,不同的实验者测量得到的实验结果也不尽相同。

(4)模拟电子电路在单元电路与单元电路连接时,由于电路输入输出之间的匹配问题,经常会出现各个单元电路工作正常,但前后连接后电路性能却出现异常的情况,如功能出错、参数达不到要求,甚至出现自激等现象,导致电路无法正常工作。

(5)电路性能指标都是依靠仪器仪表测量得到的,不同的仪器仪表功能不同,测量的方法也不同,需要针对被测量的对象,正确选择仪器仪表,采用正确的测量方式,才能得到正确的结果。

1.1.3 模拟电子电路实验的学习方法

针对课程特点,在模拟电子电路实验课程的学习过程中要重视以下几点:

(1)培养学习兴趣,体会实验操作的成就感

实验和理论课程的学习有很大的不同,需要学习者动手操作,搭接电路、操作仪器仪表、测量相关参数等,对实践动手能力将是一个挑战。学习者首先要培养对实验的学习兴趣,端正学习态度,在认真学习实验教程的基础上,按照要求一步一步地认真开展实验,在完成实验的同时,体会实验的乐趣和成就感,逐渐提升实验兴趣。

（2）针对课程特点，掌握实验过程的规律性

针对模拟电子电路实验课程的特点，课程的学习分为 3 个基本步骤：

① 实验预习：理解实验目的、内容、要求，仿真设计实验电路，通过对电路结构的调整、元器件参数的选择、性能指标的测量等过程，使实验电路达到预定的实验指标要求，然后再开展实物实验，可以达到事半功倍的效果。

② 实验操作：依据预习的实验电路及实验方案，实际动手操作，通过调试测量等环节，完成实验；

③ 报告总结：通过实验操作记录的数据波形，整理分析实验结果，总结收获体会等。通过每个环节的学习锻炼，逐渐掌握模拟电子电路实验的规律性。

（3）理论实验结合，由简单模仿到自我设计

实验的功能之一是验证理论知识，但更需要在验证理论知识的基础上，提高对知识的综合应用能力。通过模仿实验教材上的基本单元实验，理解和掌握实验的基本原理、操作步骤、测量方法以及遇到问题的分析解决方法；以理论知识为基础，尝试开展全新的选做实验，根据实验要求完成实验电路的设计、元器件的选择及参数的确定、实验方案的设计、性能指标的测量、实验数据及波形的记录分析等过程，逐渐提升电路设计能力。实现由理论知识到实验操作，再到以理论知识为指导解决实际工程问题的目的。

（4）充分相信自己，在解决问题的过程中提升能力

实验过程中遇到问题是必然的，实验过程也是各种问题的解决过程。不要过分依赖教师的指导，而应该通过分析研究，利用各种仪器设备及理论知识作指导，在解决问题的过程中提升自己的实践能力。所以要不怕困难，哪怕是失败，只要认真完成实验的各个环节，都会有学习的收获和体会。

1.2　模拟电子电路实验的基本要求

1.2.1　实验预习

1. 预习的目的

在认真研读实验指导书的基础上，理解实验目的、实验内容和实验要求，掌握与实验相关的理论知识，设计实验电路，构思实验方案，为开展实验做好充足的准备。

2. 预习的要求

（1）掌握实验原理；

（2）按照实验内容完成实验电路的仿真测量；

（3）设计实验方案和实验步骤，预拟实验数据记录图表等；

（4）撰写实验预习报告；

（5）如果预先发放了实验所用的元器件，则要求在进实验室前完成电路的预搭接，在实验室以电路性能调试、参数指标测量为主要任务。

3. 预习报告的撰写

预习报告包括以下几个部分：

（1）基本信息

包括实验名称、实验者姓名等。

（2）实验内容

主要包括对实验目的、实验原理、实验电路功能、系统框图，以及详细设计过程的描述。

（3）实验电路

主要包括实验电路原理图、电路工作原理、软件仿真测量。

（4）实验数据

按照实验要求设计实验步骤，采用的测量方法，拟定实验数据记录图表，记录仿真数据，并预留空间待记录实物实验数据。

（5）器材清单

列出实验过程中需要用到的元器件清单、仪器设备清单等。

1.2.2　实验要求

1. 实验前要求

（1）进入实验室请仔细阅读实验室规章制度，并在实验过程中认真遵守；

（2）请在分配好的实验室和实验座位上完成实验，严禁窜座；

（3）到指定的实验位置后请先检查自己座位上的仪器设备，如有缺失和损坏请及时告知指导教师处理；

（4）实验过程中如果发生仪器故障，请与指导教师联系，教师检查确认后才可以更换，严禁擅自更换其他实验座位上的仪器。

2. 完成实验任务

（1）按实验设计方案搭接和测试电路，认真检查确保无误后方可通电测试；

（2）实验过程中遇到故障要独立思考，耐心查找故障原因并排除，记录故障现象、排除故障的过程和方法。

3. 记录数据波形

认真记录实验数据和实验波形，所有数据和波形都要分析判断，并与仿真波形对比，确保其正确。模拟电路实验结果验证一般包括波形验证、指标验证、实验分析。

（1）波形验证，要求记录在坐标纸上，并标注波形的各项参数，记录的时候注意多路波形之间的相位关系。

（2）指标验证，要求用表格记录相关数据，并与理论数据对比分析。

（3）实验数据波形的记录应该确保真实有效，捏造、故意修改数据的行为都是违反基本科学精神的。

4. 结束实验

要求实物验收的实验内容，在完成并记录所有实验数据和波形后，请指导教师验收，验收通过后方可拆除电路，结束实验。

1.2.3　实验报告

1. 实验报告目的要求

撰写实验报告是培养学生的科学性、系统性及正确表达与概括能力不可缺少的过程，也是科技论文写作的训练环节。实验报告是在预习报告的基础上，更加完整的表述实验的设计思路、实验过程，通过对实验数据、波形的分析研究，总结实验的成效以及对实验的感悟。

2. 实验报告的撰写

实验报告是在预习报告基础上的完善和提高，所以除了预习报告的内容外，还需要补充以下内容：

（1）基本信息：实验地点、实验时间、同组实验者姓名等；

（2）电路优化：画出完整电路图，尤其需要标明与预习报告设计的电路区别是什么，为什么需要修改；

（3）安装调试：列出使用的主要仪器和仪表，记录调试电路的方法和技巧，可以在预习报告的基础上补充调试中出现的故障、原因及排除方法等；

（4）记录数据：记录实验过程的每个指标参数，完整记录相关点的波形，包括坐标单位、不同波形之间的相位关系等；

（5）结果分析：以电路工作原理为依据，研究分析实验数据及波形，并与理论数据、仿真数据对比，分析误差原因；

（6）实验总结：阐述设计中遇到的问题、分析原因并提出解决方法，总结设计电路和方案的优缺点，指出实验的核心及实用价值，实验的收获和体会，提出改进意见和展望；

（7）器材清单：补充实验用到的仪器设备及元器件清单；

（8）参考资料：按照参考文献著录规则要求的格式列出实验中参考的资料，包括作者姓名、资料名称、出版者、出版日期等。

1.2.4　实验室规范

实验室是教学科研的重要场所,实验室安全、卫生、管理等规定,是实验教学工作正常运行的基本保证,所有进入实验室工作、学习的人员都必须严格遵守实验室的各项规章制度。

（1）服从实验室指导教师的安排,未经指导教师允许而擅自行动者,如果发生事故,一切后果由擅自行动者自己负责;

（2）禁止随意打开实验室配电箱开关,防止触电事故;

（3）合理使用实验室的仪器设备,发现故意损坏设备者,将按规定严肃处理;

（4）严格遵守操作规程,正确使用仪器仪表,对因不按要求操作造成的仪器设备损坏,将按照学校规定照价赔偿;

（5）未经实验指导教师批准,不得擅自搬动实验仪器设备,更不准把实验室的物品拿出实验室;

（6）应保持实验室的卫生整洁,不允许在实验室内吃东西,乱丢杂物,不可以将水杯等放置在实验桌上;

（7）实验期间必须保持室内工作严谨有序,不许喧哗、打闹;

（8）实验中若发生异常现象,应立即切断电源,并通知指导教师处理;

（9）实验完成后请将仪器归位并关闭仪器电源、整理线缆、打扫干净实验桌面,方可离开实验室。

1.3　实验电路的设计及调试

模拟电子电路实验过程包括电路设计、电路连接调试以及电路各项性能的测量记录等环节,实验过程中要注意以下几点:

1.3.1　正确选择元器件

如何设计电路结构,选择电路中每个元器件的参数,是每一位实验者所面临的难题之一。从某种意义上讲,模拟电子电路的设计就是选择最合适的元器件,将其有机地组合起来。因此,不仅要在设计实验电路时考虑采用哪些元器件,而且在方案选择时也要考虑到现有的实验条件以及核心器件的性价比等问题。

一般而言,选择元器件应该注意以下几个方面:

1. 功能需求

根据实验功能要求选择元器件,指每个器件应具备的功能和性能参数。元器件最重要的 4 个要素是功能、精度、速度和价格。在满足功能、精度要求的前提下,能用低速的不用高速的,能用便宜的不用昂贵的。

2. 现有条件

手头有哪些元器件,哪些元器件可以在市场上买到或订到,它们的供货周期长短、价格、体积、性能如何等都是选择元器件时需要考虑的。电子元器件品种繁多而且新的元器件不断涌现,这就要求设计者多多关注元器件的信息,学会查阅元器件资料。

3. 元器件参数选择的一般原则

(1) 各元器件的实际工作电压、电流、频率和功率等应在元器件标明的允许值内,通常考虑留有 1.5 倍的裕量。

(2) 电阻值应尽可能选在 1 MΩ 范围以内,最大一般不应超过 10 MΩ,考虑到与运算放大器负载能力有关的电阻时,还要求电阻值尽量不小于 1 kΩ。非电解电容值尽可能选在 100 pF～0.1 μF 范围内,最大一般不超过 1 μF,电解电容的耐压值要确保大于可能出现的最高电压值。最后选定的电阻、电容值均应是相近的标称系列值。(参考第 4 章)

电阻的
性能及参数

电容的性能
及参数

(3) 在保证电路性能的前提下,尽可能减少元器件品种,选择价廉、体积小且容易买到的元器件,一般更应优先选用实验室现有的元器件。

(4) 考虑环境温度变化及电压波动等因素,计算参数时应按最不利的情况处理。

1.3.2 正确连接电路

1. 合理布局

参照设计好的实验电路在面包板上连接时,一般应以关键器件为核心,先放置在相对中间的位置,然后连接其他元器件。元器件的放置尽量和设计的电路形式相近,以便于检查和排错。

电感的性能
及参数

电路总体结构的布局,按照信号流向由输入到输出,设计成从左到右的方式,正电源在上方,负电源或地在下方,如果电路中有小信号输入和大信号输出(如功率放大),则布局时要区分大小信号,电路之间要留有合适的空间,大小信号的供电电源和地也要分开,以避免相互影响和干扰。

2. 正确使用元器件

重点要注意集成芯片的管脚排列规则,三极管、场效应管的管脚顺序,二极管的 P、N 极,电阻、电容、电感等的参数。

μA741
数据手册

如实验中常用的双列直插式集成电路,其封装如图 1-3-1 所示,当从上往下正视芯片时,其左边会有一个缺口,或者左下角有一个小圆点,管脚顺序从左下角开始为第 1 脚,其他管脚按照逆时针规律顺序排列。

双极型三极管有多种封装形式,实验中常用的是 TO-92 封装,如三极管 9012、9013、8050、8550 等,其管脚排列如图 1-3-2(a)所示。

图 1-3-1　双列直插式集成电路管脚顺序

晶体三极管的
性能及参数

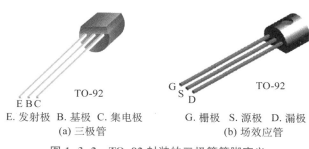

E. 发射极　B. 基极　C. 集电极　　　　G. 栅极　S. 源极　D. 漏极

(a) 三极管　　　　　　　　　　　(b) 场效应管

图 1-3-2　TO-92 封装的三极管管脚定义

2N5484-5485-
5486 数据手册

场效应管也有用 TO-92 的封装形式,如 2N5484/5485/5486 等,其管脚排列如图 1-3-2(b)所示。不同的器件一定要认准其管脚,可以通过查阅相应的器件手册以保证正确使用。

二极管使用时要注意其 P、N 极,实验中经常用到的有玻璃管封装和塑封两种形式,如图 1-3-3 所示,小功率开关管、稳压管一般会用玻璃管封装,如图 1-3-3(a)所示,而工作电流较大的整流二极管一般会用塑料封装形式,如图 1-3-3(b)所示。注意:二极管边上标注有一条黑线或白线的一端为 PN 结的 N 端,通常也称其为负极。(彩色图片请扫描二维码)图 1-3-3(c)所示为电路中二极管的符号。

1N4001-4007
数据手册

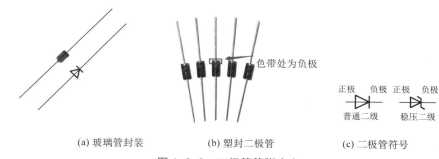

(a) 玻璃管封装　　　　(b) 塑封二极管　　　　(c) 二极管符号

图 1-3-3　二极管管脚定义

在使用电阻、电容、电感时要注意参数的选择,而对于电解电容除了要关注参数(尤其是耐压值)外,还一定要注意其管脚的正负,如图 1-3-4 所示。电路中电容两端电压高的

一端要接电容的正极,电压低的一端接电容负极。(彩色图片扫描二维码)

电容的性能
及参数

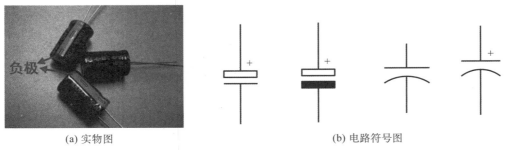

(a) 实物图　　　　　　　　　　　　　　　　(b) 电路符号图

图 1-3-4　电解电容的极性标记

3. 正确连接面包板

面包板是实验室用于搭接电路的重要载体,其外观和内部结构如图 1-3-5 所示,常见的最小单元面包板分上、中、下三部分,上面和下面部分一般是由一行或两行插孔构成的窄条,中间部分是由中间一条隔离凹槽和上下各 5 行插孔构成的宽条。

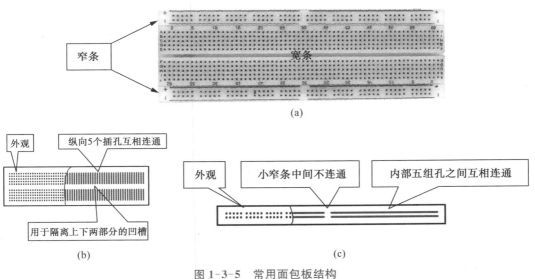

图 1-3-5　常用面包板结构

窄条上下两行之间电气不连通。横向每 5 个插孔为一组(也称为"孤岛"),通常的面包板上有 10 组。这 10 组"孤岛"一般有 3 种内部连通结构:①左边 5 组内部电气连通,右边 5 组内部电气连通,但左右两边之间不连通,这种结构通常称为 5-5 结构;②左边 3 组内部电气连通,中间 4 组内部电气连通,右边 3 组内部电气连通,但左边 3 组、中间 4 组以及右边 3 组之间是不连通的,这种结构通常称为 3-4-3 结构;③还有一种结构是 10 组"孤岛"都连通,这种结构最简单。

在做实验的时候,通常是使用两窄一宽组成的小单元,按照实验规范和要求,在宽条部分搭接电路的主体部分,上面的窄条取一行做电源,下面的窄条取一行做接地,另外一行可以做负电源。宽条部分是由中间一条隔离凹槽和上下各 5 行的插孔构成。在同一列中的 5 个插孔是互相连通的,列和列之间以及凹槽上下部分则是不连通的。

4. 预留必要的测试点

实验过程中得到的指标参数都是利用仪器仪表测量完成的,所以在实验电路搭接过程中,对需要监测的关键点,要预留测试点。在面包板上实验时,可以在对应的电路连接点上留一根长度稍长的导线,既可以用来接入各种仪器,如信号源、示波器、万用表等,同时也可以腾出双手用于调试电路或仪表。如果是在 PCB 上实验,设计 PCB 板图时也要预留对应的测量点,以方便电路的调试。

5. 电路连接要规范美观

实验电路的搭接要规范美观,元器件的摆放尽量做到横平竖直,电阻、电容等元件的管脚要适当剪短,导线两端线头剥离长度为 6 mm 左右,线头剪成 45°斜口。这样有利于线头全部插入面包板以保证接触良好,同时裸线又不会露在外面与其他导线短路,导线尽量要贴在面包板上放置。实验电路的规范连接,既有利于电路的调试检查,也培养了实验者一丝不苟的工匠精神。

1.3.3　认真调试性能指标

电路的调试是实验过程中最为重要的环节,虽然在此之前已经完成了电路的设计,开展了软件仿真,但搭建成真实的电路后,一般而言很少会直接得到设计所要达到的性能指标,常会出现各种各样的现象,需要实验者针对电路设计的性能指标要求,仔细调试电路。

电路的调试一般分为以下基本步骤:

1. 通电调试

电路连接好后,先不要连接实验电路与稳压电源之间的电源线和地线,而是按照实验要求,把稳压电源的电压值调整到合适的数值,然后关掉电源,接上电源线和地线,再打开电源开始实验;如果测量的电源电压与调整好的电压值有明显的差异,甚至稳压电源被保护而不正常工作,表明实验电路有故障,需要排除故障后再开始实验。

2. 排除故障

电路出现故障一般会有以下几种可能:电路设计错误、电路连接错误、元器件选择或放置错误等。

(1)电路设计错误

需要实验者回到最初的电路设计,利用学到的理论知识,仔细分析所设计的电路,然后利用仿真软件,对电路性能指标进行仿真分析,确保能实现所要求的电路功能及性能。

（2）电路连接错误

在面包板上开展实验,一定要注意面包板的结构,哪些孔之间是相连的,哪些是不相连的,导线要插入正确的位置;剥出的裸露导线部分不要太长,避免短路;元器件管脚要适当剪短,放置规范,避免管脚之间短接。

（3）元器件选择或放置错误

检查元器件型号和参数是否正确,尤其要注意的是集成电路管脚顺序,三极管场效应管管脚定义,二极管的方向,电阻、电容、电感的参数值,电容的耐压值,以及正负连接等是否正确。

3. 性能调试

电路性能的调试,是实验过程中难度最大的环节,需要根据实验要求,利用各种仪器设备对电路中相关测试点的参数、波形进行测量,根据测量结果,利用理论知识指导,调整实验电路中的元器件参数,甚至修改实验电路的结构,直至满足电路性能指标的要求。

4. 记录波形参数

完成电路调试后要记录测量点的指标和波形,数据要用表格的形式记录,而波形的记录一定要注意坐标的单位,以及波形与波形之间的相位关系。记录数据和波形时,一定要注意记录实验环境,包括实验时间、地点、仪器设备型号、是否有同组实验者等相关信息。波形的记录也可以利用拍照的方式,若示波器本身具有波形输出功能,可以有效利用,也方便后续实验报告的撰写。

5. 修改原设计电路

调试完成的实验电路与原设计的电路之间会有区别,包括元器件的参数、电路结构等,需要及时记录修改后的电路,通过对电路的分析,进一步巩固理论知识,提高实验者的综合设计能力。

1.4　模拟电子电路实验的基本测量方法

1.4.1　概述

模拟电子电路实验的调试测量是整个实验中最为重要的,也是验证实际电路是否满足设计要求的客观表征。

测量一个实验电路是否达到设计要求,需要借助多种电子仪器仪表,如万用表、示波器、信号发生器等,通过对电路中某些参数、波形的测量,分析判断电路是否正常工作、是否满足设计指标,也为调试电路提供依据。

1. 测量方法的分类

（1）直接测量和间接测量

直接测量：指直接从电子测量仪器或仪表上获得测量结果的测量方法，如用电压表测量电压、电流表测量电流等。

间接测量：指先对一个或几个与被测量有确定函数关系的电参量进行直接测量，然后通过函数公式、曲线或表格等，求出被测量的测量方法。当被测量不便于直接测量，或间接测量比直接测量更为准确便捷时，可采用间接测量法。例如，若要直接测量电阻支路中的电流，需要断开被测支路才能将电流表串入电路完成测量，而采用间接测量法测量电阻上的电压，再除以电阻值，获得电流值更简便易行。

组合测量：在某些测量中，被测量与多个未知量有关，无法通过直接测量和间接测量得出被测量的结果，需要改变测量条件进行多次测量，然后根据被测量与未知量的函数关系列出方程求解被测量，如放大电路输入电阻、输出电阻的测量等。

（2）时域测量和频域测量

时域测量：又称瞬态测量，测量与时间有函数关系的量，观察电路的瞬变过程及其特性，如上升时间、平顶降落、重复周期和脉冲宽度等。

频域测量：又称稳态测量，测量与频率有函数关系的量，观察电路处于稳定工作状态时，在正弦信号作用下，各种被测量的测量结果，如放大器增益、频率特性、输入阻抗和输出阻抗等。

2. 测量方法的选择

选择测量方法时，首先应该研究被测量本身的特性以及需要的测量精确度、所处的环境条件、具有的测量仪器设备等因素。

（1）被测量

模拟电子电路实验中经常遇到的被测量有以下几类：

- 电能量：电压、电流、功率等；
- 元器件参数：电阻、电容、电感的参数，以及三极管、场效应管等器件参数；
- 信号特征：频率、周期、幅度、相位、失真度等；
- 电路参数：增益（放大倍数）、输入电阻、输出电阻、通频带、灵敏度、信噪比等；
- 特性曲线：频率特性（幅频特性、相频特性）、器件特性、传输特性等。

（2）测量方法的选择

根据不同的被测量，选用不同的测量方法和测量仪器，当一个被测量可以有不同的测量方法时，应该综合考虑测量的准确性、快速性、便捷性等因素。例如：测量放大电路增益时，可以采用双通道示波器测量输入和输出信号，可以同时得到输入/输出信号的幅度、相位关系，以及是否失真等信息；如果用数字示波器测量，也可以直接读取相关的数据，提高测量效率。

1.4.2 电压、电流的测量

1. 电压的测量方法

模拟电子电路实验中,电压是最为常用的参数,通过测量电压,可以派生出许多模拟电子电路中的指标参数,如放大倍数、输入/输出电阻、频率特性、电流值等,同样,相关点的电压值也可以确定模拟电子电路的工作状态,如放大、饱和、截止等,所以电压的测量在模拟电子电路实验过程中是最为常用的。

(1) 电压的表示

测量电压的仪器仪表有:电压表、万用表电压挡、示波器、毫伏表等,电压的单位用伏特(简称伏)表示,符号为 V,也有千伏(kV)、毫伏(mV)、微伏(μV)等。

$$1\,\text{kV}=10^{3}\,\text{V}, 1\,\text{mV}=10^{-3}\,\text{V}, 1\,\mu\text{V}=10^{-6}\,\text{V}$$

交流信号一般以正弦波表示,电压的值有峰峰值(V_{PP})、峰值或幅值(V_{P})、有效值(V_{RMS})几种不同的表示方式,如图 1-4-1 所示。

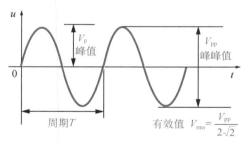

图 1-4-1 正弦电压信号的参数定义

(2) 电压的测量方法

模拟电子电路中的电压一般包括:直流电压、交流电压、交直流并存的电压等,对不同的电压特征,应该选择不同的仪器仪表,才能测量出正确的结果。

直流电压:可以用直流电压表、万用表直流电压挡或示波器完成测量。如果用电压表或万用表测量,两个表笔并接在被测对象的两端,一般要求把红表笔(＋)接到被测电压的高电位端,黑表笔(一)接到被测电压的低电位端。表笔接反,如果是数字式仪表,则显示电压值为负值,如果是指针式仪表,则指针将往反方向打动,容易损坏仪表。如果采用示波器测量直流电压值,必须选择直流(DC)耦合方式,把示波器测量线的测量端(探针)接到被测电压端,另外一端是信号屏蔽线,接到电路的公共端,也叫电路的接地端;如果被测元件不接地,则需要分别测量出元件两个端点对地的电压,两端的差值即为被测元件两端的电压值。

交流电压:交流电压的测量可以选择交流电压表、万用表交流电压挡、毫伏表、示波器等,但由于有些仪表如万用表交流挡,在测量交流信号时受到信号频率的限制,导致测量

数字万用表
使用说明书

数字示波器
使用说明书

不一定准确,所以建议在测量交流信号时采用示波器更为准确便捷。选择示波器输入为交流耦合(AC)方式,其他与直流测量方式类似,通过合理调节示波器工作设置,可以准确方便的测量交流电压值。

交直流并存电压:这类电压的测量应该选用示波器完成,如果直流电压和交流电压的数值基本相当,可以选用直流(DC)耦合方式,一次性完成交直流电压的测量;否则可以分别测量直流电压和交流电压,测量的方式与上述直流电压、交流电压类似,然后再将交流电压叠加在直流电压上,得到完整的交直流电压,如图1-4-2所示。

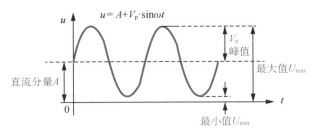

图1-4-2 交直流并存的电压信号参数定义

(3) 测量电压的注意事项

由于测量电压时测量仪器仪表是并接在被测对象两端的,为了提高测量精度,同时减少测量仪表对原电路的影响,要求测量仪表的输入电阻要尽可能大,或者说测量仪表的输入电阻要比被测对象的等效内阻要大得多才行,这个需要在选择不同测量仪表时引起重视。

当测量频率较高的电压信号时,除了示波器型号要满足测量频带的要求外,还要注意选择合适的示波器探头线,并要可靠接地,尽量减少干扰信号对测量数值的影响。

2. 电流测量方法

电流也是模拟电子电路实验中经常用到的参数,电流的单位用安培表示,简称安,符号为 A,也有用毫安(mA)、微安(μA)等表示。

$$1\ \mathrm{mA} = 10^{-3}\mathrm{A}, 1\ \mu\mathrm{A} = 10^{-6}\mathrm{A}$$

电流值的测量可以用电流表或万用表电流挡串联进被测支路里,直接读出被测电流值。但要把测量仪表串入支路,必须先断开原电路,然后再接入电流表,操作比较麻烦,所以一般测量电流更多的是采用间接测量法,即测量被测支路中对应电阻两端的电压,利用欧姆定律,计算得到电流值。而测量电压相对比较方便,方法也比较多。

3. 功率测量方法

模拟电子电路实验中功率的测量一般都是采用间接测量法,由式(1.4.1):

$$P = UI = \frac{U^2}{R} \tag{1.4.1}$$

所以功率的测量只要测量电压、电流值就可以计算获得。需要注意的是,式(1.4.1)中的 U、I 表示的是电压、电流的有效值,如果被测对象为交流信号,计算功率时电压、电流的数值应该用有效值代入,并保证放大电路没有失真,如果被测对象不是纯电阻,还需要考虑电压、电流之间的相位关系。

1.4.3　输入/输出电阻的测量

1. 输入电阻的测量方法

输入电阻的测量方法如图 1-4-3 所示,在待测电路(放大器)的输入端串接一个电阻 R_s ,一般选择 R_s 电阻值的大小与待测电路输入电阻尽量相当,这样测量的误差比较小。

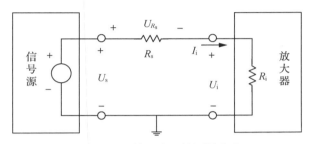

图 1-4-3　输入电阻的测量方法

用信号源输入一个交流信号 U_s ,信号频率在中频区范围,幅度保证放大器工作在正常的工作区,用示波器或毫伏表分别测量出所加电阻 R_s 两端的电压 U_s 和 U_i 。由于 R_s 与待测输入电阻 R_i 串联,所以流过 R_s 的电流与流过 R_i 的电流相等,而 R_s 两端的压降已经测量得到,所以:

$$I_\mathrm{i} = \frac{U_{R_\mathrm{s}}}{R_\mathrm{s}} = \frac{U_\mathrm{s} - U_\mathrm{i}}{R_\mathrm{s}} \tag{1.4.2}$$

根据定义可以得到被测放大器的输入电阻为:

$$R_\mathrm{i} = \frac{U_\mathrm{i}}{I_\mathrm{i}} = \frac{U_\mathrm{i}}{U_\mathrm{s} - U_\mathrm{i}} R_\mathrm{s} \tag{1.4.3}$$

2. 输出电阻的测量方法

输出电阻常用的测量方法如图 1-4-4 所示:

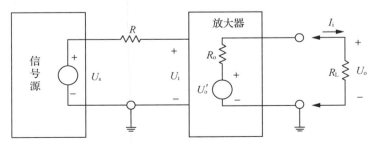

图 1-4-4　输出电阻的测量方法

在待测放大器的输入端输入一个交流信号 U_s,信号频率在中频区范围,幅度保证放大器工作在正常的工作区,在放大器输出端分别测量不带负载电阻 R_L 时的输出端电压 U'_o 与带上负载电阻 R_L 后的输出电压值 U_o,显然,U'_o 与 U_o 的差值就是由于放大器输出电阻导致的,而接入的负载 R_L 与等效输出电阻 R_o 之间是串联关系,流过 R_L 的电流与流过 R_o 的电流相等,所以:

$$I_L = \frac{U_o}{R_L} \tag{1.4.4}$$

根据定义可以得到被测放大器的输出电阻为:

$$R_o = \frac{U'_o - U_o}{I_L} = \frac{U'_o - U_o}{U_o} R_L \tag{1.4.5}$$

3. 测量输入/输出电阻的注意事项

测量放大电路输入/输出电阻时,一定要用示波器监测输出波形,确保放大电路在不失真的情况下测量,得到的数据才有意义。测量的电压值可以是幅值、峰峰值、有效值,也可以是某一时刻的瞬时值,只要保证两次测量的数值类型一致即可。

1.4.4 增益及幅频特性的测量

1. 增益的测量方法

电压增益也叫电压放大倍数,是电路的输出电压和输入电压的比值,包括直流电压增益和交流电压增益。实验中一般采用万用表的直流挡测量直流电压增益,测量时要注意表笔的正负。

交流电压增益的测量要在输出波形不失真的前提下,用示波器测量输入电压 U_i(有效值)或 U_{im}(峰值)或 U_{ipp}(峰峰值)与输出电压 U_o(有效值)或 U_{om}(峰值)或 U_{opp}(峰峰值),也可以用双通道示波器测量某一时刻的输入/输出瞬时值,通过计算就可以得到放大电路的增益。如果用交流毫伏表,则测量的是输入/输出交流有效值。测试框图如图 1-4-5 所示,示波器同时起到了监视输出波形是否失真的作用。

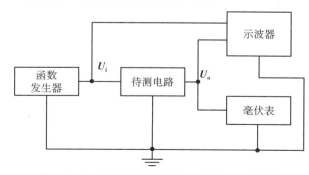

图 1-4-5　电压增益(电压放大倍数)A_u 的测量

放大倍数测量时也要注意输出信号与输入信号是同相还是反相。

2. 频率特性的测量方法

(1) 逐点法

放大电路幅频特性的测量方法与测量电压放大倍数类似,不同的是在保证输入信号幅度不变的前提下,信号频率要不断调整,具体步骤为:

① 放大电路的输入端连接信号发生器,输出端连接示波器和毫伏表(选用);

② 将信号发生器的信号频率设置在相对中间的位置即中频区,如 1 kHz,信号幅度调整在保证输出不失真的情况下相对大些;

③ 在保证输入信号幅度不变的前提下,信号频率由低到高不断改变,同时由示波器检测输出信号,保证不失真(如果有失真要适当降低输入信号幅度),在输入信号频率由小变大然后由大变小的过程中,确定输出电压基本不变的那个频段,也即中频,该输出电压的幅值为中频输出电压,输出信号幅值与输入信号幅值之比定义为中频电压放大倍数;

④ 在保证输入信号幅度不变的前提下,逐渐降低信号频率,当输出电压为中频输出电压的 0.707 倍时,所对应的输入信号频率即为下限截止频率 f_L;

⑤ 在保证输入信号幅度不变的前提下,逐渐提高信号频率,当输出电压为中频输出电压的 0.707 倍时,所对应的输入信号频率即为上限截止频率 f_H;

⑥ 在 f_L 和 f_H 之间以及左右各找 3 至 5 个点进行测量,计算其增益,然后将测试数据列表、整理,即可较准确地绘制出幅频特性曲线。

逐点法也可以测量放大电路的相频特性,方法与测量幅频特性类似,只是要利用双通道示波器同时观察输入/输出波形,在不同输入信号频率时,测量输出电压波形与输入电压波形之间的相位差,测试数据列表、整理,就可以画出放大电路的相频特性曲线。

(2) 扫频法

利用专用的扫频仪,可以产生信号幅度不变、频率按照设置值步进的正弦信号,同时可以把经过放大的信号输入到扫频仪,同步完成放大电路幅频特性和相频特性的测量。扫频法与逐点法相比,要方便快捷。

1.4.5 传输特性的测量

双端口网络的输出电压随输入电压变化而变化的特性叫做电压传输特性。电压传输特性在实验中一般采用两种方法进行测量。一种是手工逐点测量法,另一种是采用示波器 X—Y 方式进行直接测量。

1. 逐点测量法

在输入端加一个信号,逐步改变输入信号电压,每改变一次记录一个对应的输出电压值,最后把所有测量得到的数据记录在坐标纸上,所有的点连接起来就是电压传输特性曲线。这种测量方式的优点是设备简单,缺点是烦琐,并且只是取有限的点进行测量,有可

扫频仪使用
介绍

EPI-EWB204
使用说明书

能丢失比较重要的信息点,且测量精度有限。

2. 示波器 X－Y 方式测量法

信号源用户
手册

把一个电压随时间变化的信号(如:正弦波、三角波、锯齿波)加到待测电路输入端的同时也加到示波器的 CH1 通道(X 通道),电路的输出信号加到示波器的 CH2 通道(Y 通道),利用示波器 X－Y 图示仪的功能,在屏幕上显示完整的电压传输特性曲线,同时还可以测量相关参数。测量方法如图 1-4-6 所示。

数字示波器
使用说明书

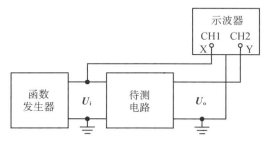

图 1-4-6　电压传输特性曲线测量

具体的测量步骤如下:

(1) 选择合理的输入信号电压,一般与电路实际的输入动态范围相当,如果太大,除了会影响测量结果以外还可能会损坏器件;若是太小,则不能完全反映电路的传输特性。

(2) 选择合理的输入信号频率,频率太高会引起电路的各种高频效应,太低则使显示的波形闪烁,都会影响观察和读数。一般取 $50 \sim 500$ Hz 即可。

(3) 选择示波器输入耦合方式,一般要将输入耦合方式设定为 DC,比较容易忽视的是在 X－Y 方式下,X 通道的耦合方式是通过触发耦合按钮来设定的,同样也要设成 DC。

(4) 选择示波器显示方式,将示波器设成 X－Y 方式,对于数字示波器,要按下"Display"按钮,在菜单项中选择 X－Y;对于模拟示波器,将扫描速率旋钮逆时针旋到底就是 X－Y 方式。

(5) 进行原点校准,对于模拟示波器,可把两个通道都接地,此时应该能看到一个光点,调节相应位移旋钮,使光点处于坐标原点;对于数字示波器,要先将 CH1 通道接地,此时显示一条水平线,调节相应位移旋钮,将其调到和 X 轴重合,然后将 CH1 改成直流耦合,CH2 接地,此时显示一条水平线,调节相应位移旋钮,也将其调到和 X 轴重合,然后将 CH2 改成直流耦合。

第 2 章 | 模拟电子电路基本单元实验

本章内容由 16 个基本单元实验组成,包括:基本比例放大电路、加减运算电路的设计、微分/积分电路实验研究、单电源供电运算放大器的应用、有源滤波器实验研究、比较器电路实验研究、波形产生电路的设计、555 定时器电路实验、精密整流电路设计、三极管放大电路基本性能的测量、三极管放大电路频率特性的测量与研究、多级放大电路及负反馈特性的研究、RC 振荡电路的设计、功率放大电路的设计、线性稳压电源实验、开关稳压电源实验。实验内容基本覆盖了模拟电子电路的知识点,可以与模拟电子电路理论课程的教学内容相配套衔接,也可以根据实验课程教学要求,灵活选用不同的实验。每个单元实验都包含实验目的、实验原理、实验内容、选做实验及实验指导几部分内容,通过实验步骤的设计,引导学生从简单的模仿实验开始到自我设计单元实验,实现由"学会"到"会学""会用"的转变。

2.1 基本比例放大电路

基本比例放大
电路(PPT)

一、实验目的

(1) 理解运算放大器基本参数的意义,并能正确选择和使用运算放大器;

(2) 熟悉运算放大器构成反相、同相比例放大电路的基本结构;

(3) 掌握基本比例放大电路的性能指标和电路参数之间的关系;

(4) 掌握放大电路交、直流特性的测量方法;

(5) 掌握放大电路最大输出电压、最大输出电流的测量方法;

(6) 掌握比例放大电路的故障检查和排除方法;

(7) 掌握基本比例放大电路的设计及电路调试方法。

二、实验原理

1. 基本概念

运算放大器,简称运放,是一种高电压增益、高输入阻抗、低输出阻抗的直接耦合多级放大器,是模拟电子电路中应用很广泛的器件,如常用的 μA741 单运放,就是在一片芯片内只包含 1 个运放,如图 2-1-1(a)所示,而常用的 LM324 是四运放,即在一片芯片内包含 4 个运放,如图 2-1-1(b)所示。运放的电路符号在欧美等国家用的是三角形的符号,如图 2-1-1(c)所示,有两个输入端和一个输出端,两个输入端分别叫同相输入端和反相输入端,正负电源端有时候隐藏不画。我国的国标符号是一个方形,如图 2-1-1(d)所示。

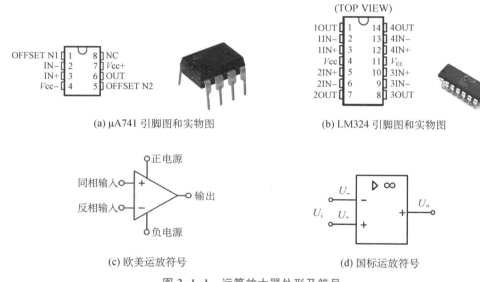

(a) μA741 引脚图和实物图　　　　　(b) LM324 引脚图和实物图

(c) 欧美运放符号　　　　　　　　(d) 国标运放符号

图 2-1-1　运算放大器外形及符号

由于运算放大器具有很高的开环差模电压增益,要使其稳定工作在线性区,一般都必须加深度负反馈电路。

工程设计与分析时,一般都把运算放大器当成理想器件,即把运放的各项技术指标理想化。如表 2-1-1 中理想参数所示:开环差模电压增益无穷大,差模输入电阻无穷大,输出电阻为零,共模抑制比无穷大,带宽无穷大,失调、温漂、内部噪声等均等于零。

理想运算放大器线性应用的两个重要特征是:

(1)虚短:$U_+ = U_-$。即运放的同相输入端和反相输入端的电位相等,就像短路一样,但却不是真正的短路,所以叫"虚短";

(2)虚断:$I_+ = 0$,$I_- = 0$。即运放的同相输入端和反相输入端的输入电流为零,就像断路一样,但却不是真正的断路,所以叫"虚断"。

这两个重要特征大大简化了运算放大器在线性状态下的分析设计,虽然实际运放不能达到完全"理想"的条件,而只能是渐渐地趋于这些"理想"条件,也就是说"理想运放"是不存在的。实际运放和理想运放总存在着"偏差",如表 2-1-1 中实际运放 μA741C 参数值所示。

随着集成电路技术的发展,在某一项或某几项集成电路的性能方面,实际集成运放越来越接近理想集成运放,但无论如何,实际集成运放和理想集成运放都会存在偏差,只不过不同的运放,偏差程度不同而已。

虽然实际的运放参数不可能达到理想值,但只要在应用中合理选择运放型号和其他元器件参数,在大多数情况下,按照理想运放分析计算的结果和实际测量数据之间的误差比较小,在很多应用中基本能达到工程设计的误差要求。

表 2-1-1　理想运放与实际运放参数对照表[注]

	参数名称	理想参数值	μA741C 参数值	参数意义及设计时应该如何考虑
直流参数	输入失调电压 U_{IO}	0	典型值 1 mV 最大值 6 mV	在输入电压为 0 时,为使输出电压为 0,在输入端加的补偿电压
	输入偏置电流 I_{IB}	0	典型值 80 nA 最大值 500 nA	为保证运放输入级放大器工作在线性区所必须输入的一个直流电流,为放大器提供直流工作点
	输入失调电流 I_{IO}	0	典型值 20 nA 最大值 200 nA	在输入电压为 0 时,为使输出电压为 0,在输入端提供的补偿电流
	共模抑制比 CMRR	∞	最小值 70 dB 典型值 90 dB	运放差模信号电压放大倍数 A_{ud} 与共模信号的电压放大倍数 A_{uc} 之比
	开环差模电压增益 A_{VD}	∞	200 V/mV	运放在没有反馈的情况下,输出电压除以同相端和反相端之间的电压差
	输出电压摆幅 U_{OM}	无限	最小值 ±12 V 典型值 ±14 V ($R_L = 10$ kΩ)	正负输出电压的摆动幅度极限
	差模输入电阻 R_I	∞	最小值 0.3 MΩ 典型值 2 MΩ	输入差模信号同相端与反相端之间的等效电阻值
	输出电阻 R_O	0	典型值 75 Ω	输出端的等效电阻
交流参数	增益带宽积 GBW	∞	1 MHz	增益和带宽的乘积
	转换速率 S_R	∞	典型值 0.5 V/μs	运放接成闭环条件下,将一个大信号(阶跃信号)输入到运放的输入端,从运放的输出端测得的上升速率
	最大共模输入电压 U_{ICR}	无限制	最小值 ±12 V 典型值 ±13 V	同相端与反相端承受的最大共模信号电压值。超过这个值运算放大器的共模抑制比会显著下降,放大功能会受到影响

	参数名称	理想参数值	μA741C 参数值	参数意义及设计时应该如何考虑
交流参数	最大输出电流 I_{OS}	无限制	典型值±25 mA 最大值±40 mA	运算放大器输出的电流峰值
	最大正电源电压 V_{CC}，最大负电源电压 V_{EE}	无限制	＋18 V －18 V	运算放大器最大正负电源电压，也可以用±V_{CC} 表示

注:1) μA741C 参数值在室温 25℃，电源电压±15 V 条件下;
　　2) 实验中使用的集成运放 μA741 或 LM324 的详细数据手册可以查阅资料。

μA741
数据手册

LM324
数据手册

2. 反相比例放大电路

利用运算放大器构成的基本反相比例放大电路如图 2-1-2 所示。

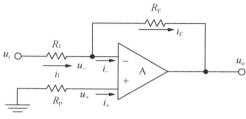

图 2-1-2　反相比例放大电路

图 2-1-2 中，R_1 为输入端电阻，R_F 为反馈电阻，确保运放构成的电路工作在线性状态。R_1 的取值应远大于信号源的内阻，也要远小于运放的输入电阻。反馈电阻 R_F 的值一般为几千欧至几百千欧，R_F 太大容易产生较大的噪声与漂移。同相端与地之间接的电阻也叫平衡电阻 R_P，其阻值一般选 R_1 和 R_F 的并联值。R_L 为负载电阻，一般不可以太小，否则受运放最大输出电流限制，输出电压值被强制限幅，不满足比例运算关系。

如果把运放当成理想器件，利用"虚短"和"虚断"特性分析可知:

反相比例放大电路的放大倍数为:$\dot{A}_u = -\dfrac{R_F}{R_1}$

输入电阻:$R_i = R_1$

输出电阻:$R_o = 0$

3. 同相比例放大电路

运算放大器构成的同相比例放大电路如图 2-1-3 所示。如果把运算放大器当作理想器件，利用"虚短""虚断"特性分析可以得到:

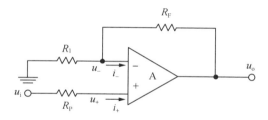

图 2-1-3　同相比例放大电路

放大倍数：$\dot{A}_u = 1 + \dfrac{R_F}{R_1}$

输入电阻：$R_i = \infty$

输出电阻：$R_o = 0$

三、实验内容

1. 实验要求

用运算放大器设计一个反相比例放大电路，要求其放大倍数 $\dot{A}_u = -10$，输入电阻 $R_i \geqslant 10\ \text{k}\Omega$，输出电阻 $R_o < 1\ \text{k}\Omega$。

根据实验要求：选择如图 2-1-2 所示的反相比例放大电路，然后确定具体参数，只要选择：$\dfrac{R_F}{R_1} = 10$，$R_1 \geqslant 10\ \text{k}\Omega$ 就可以满足设计要求，可以有多种选择，如可选：

$$\begin{cases} R_1 = 10\ \text{k}\Omega \\ R_F = 100\ \text{k}\Omega \end{cases} \quad \begin{cases} R_1 = 15\ \text{k}\Omega \\ R_F = 150\ \text{k}\Omega \end{cases} \quad \begin{cases} R_1 = 20\ \text{k}\Omega \\ R_F = 200\ \text{k}\Omega \end{cases} \quad \begin{cases} R_1 = 100\ \text{k}\Omega \\ R_F = 1\ \text{M}\Omega \end{cases}$$

一般而言，小阻值电阻可以流过较大的电流、具有良好的频率特性，但相对功耗也将增大；而大阻值电阻功耗虽然较小，但会带来较大的噪声，还有可能引起 PCB 的漏电流等，太大的阻值还会导致不能满足运放的理想化条件。

根据现有的实验条件，为便于后续的分析计算，所以本设计可选择：$\begin{cases} R_1 = 10\ \text{k}\Omega \\ R_F = 100\ \text{k}\Omega \end{cases}$ 这组

参数，平衡电阻选择 $R_P = R_1 /\!/ R_F \approx 10\ \text{k}\Omega$。

平衡电阻 R_P 的作用，是考虑到真实的运算放大器具有输入偏置电流，为了减少输入偏置电流造成的运算误差，一般会加上一个平衡电阻，且取 $R_P = R_1 /\!/ R_F$。

电路的输出电阻主要由运放本身的参数确定，实验所用运放为 μA741C，器件手册中给出的运放输出电阻为 75 Ω，由于负反馈的引入，电路的输出电阻比运放输出电阻更小，满足指标要求。

利用 Multisim 软件，通过添加元器件、连线等操作，将电路连接好，选择电源电压为 $\pm 15\ \text{V}$。设计的实验电路如图 2-1-4 所示。

2. 仿真实验

（1）测量电路的交流放大倍数

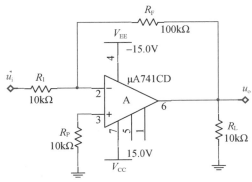

图 2-1-4　反相比例放大电路实验电路图

仿真实验如图 2-1-5(a)所示,首先在电路的输入端加上一个信号源 XFG1,双击信号源即可进行参数设定,选择其波形为正弦波,频率 $f=1\,\text{kHz}$,幅值 $U_{im}=100\,\text{mV}$,偏移量为 0;再选择一个双通道示波器 XSC1,A 通道连接信号源,B 通道连接电路的输出端,注意信号源、示波器、电源一定要共地连接。连接好信号源和示波器后打开 Multisim 仿真开关,双击示波器就可以看到示波器 A 通道的输入信号 u_i,B 通道的输出信号 u_o,通过取同一时刻的 u_o 和 u_i,$\dot{A}_u=\dfrac{u_o}{u_i}=\dfrac{-984.277\,\text{mV}}{99.686\,\text{mV}}=-9.873$,可以得到输出信号和输入信号的电压比值近似为 10 倍,且两个信号的相位正好相反,电路实现了反相放大 10 倍的功能。

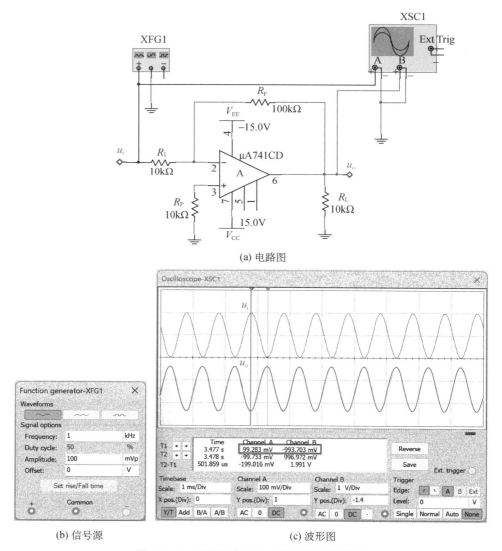

(a) 电路图

(b) 信号源

(c) 波形图

图 2-1-5　反相比例放大电路仿真实验截图

（2）电路性能的研究

通过改变电阻 R_1 或 R_F 的阻值，运行仿真软件后观察输入/输出波形的关系，将数据记录在表 2-1-2 中，进一步验证电路的反相比例运算关系是否正确，加深对反相比例运算电路的理解。

表 2-1-2　反相比例放大电路仿真实验数据表

$R_1/\text{k}\Omega$	$R_F/\text{k}\Omega$	u_i/mV	u_o/mV	A_u（仿真）	A_u（理论计算）
10	100	99.686	−984.277	−9.873	−10
10	200				
20	100				
20	200				

3. 电路实验

按图 2-1-4 搭接好电路，确认连接无误后打开电源开始实验，并记录数据、波形。

数字万用表
使用说明书

（1）直流放大性能的测量

在电路的输入端分别输入直流信号 U_i 为 −2 V、−0.5 V、0.5 V、2 V，用万用表直流挡测量对应不同输入 U_i 时的输出电压 U_o 值，将测量数据记录在表 2-1-3 中，计算 A_u 并和理论值相比较，对实验结果进行分析，特别注意在输入为 ±2 V 时，输入/输出是不是还满足放大倍数为 −10 倍的关系，并分析原因。直流输入电压 U_i 可以通过信号源产生。

表 2-1-3　直流特性的测量数据表

U_i/V	U_o/V	增益 A_u		分析总结
		测量值	理论值	
−2				
−0.5				
0.5				
2				

稳压电源
使用说明书

（2）交流放大特性的测量

在电路的输入端输入一个正弦交流信号，信号频率为 $f=1\,\text{kHz}$，调整不同的输入信号幅度并观测输出信号。用双通道示波器测量并记录输入与输出波形于表 2-1-4 中，在输出不失真的情况下测量交流电压增益，并和理论值相比较。如果输出波形失真，此时对应的输出电压值即为运放的最大输出电压摆幅。

注意：交流电压增益测量一定要在输出波形不失真的条件下，用示波器测量输入电压 U_i（有效值）或 U_{im}（峰值）或 U_{ipp}（峰峰值）与输出电压 U_o（有效值）或 U_{om}（峰值）或 U_{opp}（峰峰值),再通过计算得到放大电路的增益。计算增益时注意输入/输出电压单位要保持一致。(波形失真时,不计算增益及误差)。

表 2-1-4　交流特性的测量数据表

U_i	U_o		增益		分析总结
峰峰值/mV	峰峰值/mV	波形是否失真	A_u	误差	
200					
300					
400					
4 000					

信号源用户
手册

数字示波器
使用说明书

(3)电压传输特性的测量

设定输入信号频率为 200 Hz,电压峰峰值为 100 mV 的正弦波,用示波器 X－Y 方式,测量电路的电压传输特性曲线,不断加大输入信号幅度,直到拐点出现,此时输出波形失真。如图 2-1-6 所示为传输特性示意图。测量出传输特性的斜率和转折点值,并将数据记录在表 2-1-5 中。电压传输特性测量的具体方法详见 1.4.5 节。

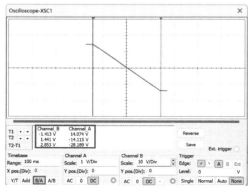

(a) 仿真波形图

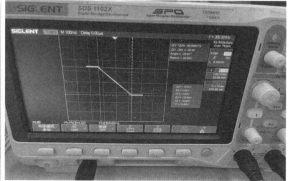

(b) 实物测量波形

图 2-1-6　电压传输特性仿真图

表 2-1-5　传输特性数据表

测量参数名称	仿真值举例/V	仿真值/V	实物测量值/V	分析总结
输出最大电压值 U_{om1}	14.074			
U_{om1} 对应的输入电压值 U_{im1}	-1.413			

续 表

测量参数名称	仿真值举例/V	仿真值/V	实物测量值/V	分析总结
输出最小电压值 U_{om2}	−14.115			
U_{om2} 对应的输入电压值 U_{im2}	1.441			
线性区的斜率 $K = \Delta U_{om}/\Delta U_{im}$（增益 A_u）	$\dfrac{-28.189}{2.853} = -9.88$			

（4）电路性能的研究

由反相比例放大电路理论分析可知,电路的放大倍数与反馈电阻 R_F、输入端电阻 R_1 有关,可以改变这两个电阻的阻值,来调整放大电路的放大倍数。分别改变不同的电阻阻值开展实验,将测量数据填入表 2-1-6,并和理论分析对比。在电路的输入端输入一个正弦交流信号,信号频率为 1 kHz,峰峰值为 200 mV。

注意:当电阻 R_1 的值较小时,反相比例放大电路的输入电阻 R_i 也很小,信号源设置了 200 mV,但是此时示波器测量的 U_i 还是 200 mV 吗？为什么会变化呢？对照实验内容要求的输入电阻 $R_i \geqslant 10$ kΩ,可以进一步得到反相比例放大电路的 R_1 取值不但要满足比例放大倍数要求,还要考虑输入电阻不可以太小。

表 2-1-6 不同的电阻取值对放大倍数的影响

R_1/kΩ	R_F/kΩ	信号源 U_s/mV	示波器测量 U_i/mV	示波器测量 U_o/mV	A_u（实验值）	A_u（理论值）	分析总结
0.1	1	200					
10	200	200					
20	20	200					
20	10	200					

（5）运算放大器特性的测量

① 最大输出电压摆幅 U_{OM} 的测量

运算放大器的最大输出电压在理论分析时一般认为是可以达到正负电源电压的,但实际上是达不到的,一般减小约为 1 V 左右,如表 2-1-1 中的输出电压摆幅 U_{OM},在电源电压为 ±15 V 时,μA741 的典型值是 ±14 V,其余运放的具体值可以查阅其器件手册。

有一种"轨到轨"的运放,其输出的摆幅能够非常接近电源轨,在电源电压一定,输出电压需要接近电源电压的大幅度要求时可以选用,当然其成本也有所提高。

测量 μA741 的最大输出电压摆幅的方法为:利用增益为 10 倍的反相比例放大电路,如图 2-1-4 所示,在输入端加上正弦波信号,输入信号频率选择 200 Hz,信号幅度选择大些,如选择 4 V,放大后保证输出电压超过了最大可能的值。由双通道示波器同时观察输入/输出信号波形,发现输出波形的顶部和底部有明显削平,失真了。测量该输出失真的电压值即为运放最大输出电压摆幅,测量数据可以与电路实验(3)电压传输特性测量值以及 μA741 的数据手册上给出的输出电压摆幅 V_{OM} 的参数进行对比分析总结,完成表 2-1-7。

表 2-1-7　运放最大输出电压摆幅的测量表

最大输出电压值	实验测量值/V	数据手册中的参数 V_{OM}/V	分析总结
正向最大输出电压值			
反向最大输出电压值			

② 最大输出电流 I_{OS} 的测量

运放的最大输出电流也是有限制的,在设计电路时要注意运放所带的负载不能过重,或者说负载电阻值不能太小,否则电路的输入/输出电压就不满足设计要求。不同的器件在数据手册上会给出其最大输出电流值,由表 2-1-1 可知,μA741 的最大输出电流 I_{OS} 典型值约为 ±25 mA,最大值约为 ±40 mA。

测量 μA741 的最大输出电流的方法为:利用增益为 10 倍的反相比例放大电路,如图 2-1-4 所示,在其输入端加入正弦波信号,频率为 1 kHz,峰峰值为 2 V,在负载为 10 kΩ 时可以看到输出信号没有失真,且输出电压和输入信号之间满足放大 10 倍的关系。

把负载电阻由 10 kΩ 换成较小的电阻值,如换成 220 Ω,在同样的输入信号作用下,可以看到输出波形出现了严重的失真,顶部和底部都被削掉了,测量此时被削顶的最大电压值就可以计算出运放的最大输出电流值,即:

$$I_{omax} = \frac{U_{omax}}{220}$$

将测量数据填入表 2-1-8 中,并与 μA741 数据手册上给出的最大输出电流值进行对比。

表 2-1-8　运放最大输出电流值的测量表

R_L/Ω	最大电压值 U_{omax}/V	计算最大输出电流/mA	数据手册中的参数 I_{OS}/mA	分析总结
220				
100				

③ 转换速率 S_R(压摆率)的测量

集成运放的转换速率也称为压摆率,是反映运放对于快速变化输入信号的响应能力,如图 2-1-7 所示为运放转换速率对波形的影响示意图。S_R 的定义为:放大电路在闭环状态下输入大信号(例如方波信号)时,放大电路输出电压对时间的最大变化速率,其表达式为:

$$S_R = \left. \frac{\mathrm{d}u_o(t)}{\mathrm{d}t} \right|_{\max}$$

不同的器件在数据手册上会给出其不同的转换速率,由表 2-1-1 可知,μA741 的转换速率 S_R 典型值为 $0.5\ \mathrm{V}/\mu\mathrm{s}$。

根据定义,转换速率(压摆率)可以有多种测量方式,如图 2-1-7 所示,只要测量出在大信号方波作用下,输出信号的上升斜率。常用的测量方法为:构建一个闭环增益为 1 的同相比例放大电路,如图 2-1-9 所示,在其输入端加上占空比为 50%、频率为 $10\ \mathrm{kHz}$ 的双极性方波信号,逐渐加大输入信号幅度,直至输出波形正好变成三角波,如图 2-1-8 所示,也可以在固定大信号(如峰峰值 $10\ \mathrm{V}$)方波作用下,记录此时输出波形上升沿的两个电压差值和时间间隔,填入表 2-1-9 中,根据转换速率 S_R 的定义进行计算,即:

$$S_R = \frac{U_{\mathrm{om}} - (-U_{\mathrm{om}})}{t_1}$$

μA741
数据手册

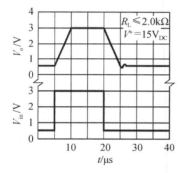

图 2-1-7　运放转换速率对波形的影响

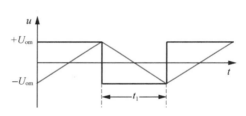

图 2-1-8　运放转换速率测量波形示意图

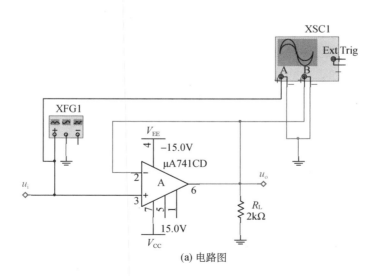

(a) 电路图

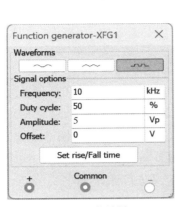

(b) 信号源

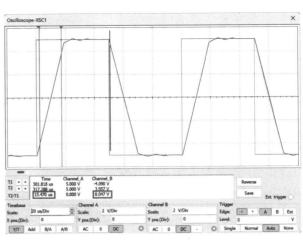

(c) 波形图

图 2-1-9　运放转换速率仿真测量

表 2-1-9　运放转换速率的测量表

	电压差值 $\Delta U/\text{V}$	时间间隔 t /μs	转换速率计算值 /(V·μs^{-1}) $S_R = \dfrac{\Delta U}{t}$	数据手册参数值 $S_R/(\text{V·μs}^{-1})$	分析总结
仿真值举例	8.047	15.470	0.52		
仿真值					
实物测量值					

4. 常见故障及可能的原因

(1) 现象:输入加上正弦信号,输出没有波形。

可能原因:运放工作电源没加。

(2) 现象:输入加上正弦信号,输出出现上下削顶失真。

可能原因:输入信号幅度过大,电源电压偏低,电阻阻值出错,R_1 偏小,R_F 偏大。

(3) 现象:输入加上正弦信号,输出只有半个波形。

可能原因:正负电源有一组没有加上。

(4) 现象:输入加上正弦信号,输出和输入是同相位的方波。

可能原因:信号不是从反相端加入的,而是加在同相端了。

(5) 现象:输入加上正弦信号,输出的波形是与输入反相的方波。

可能原因:电阻 R_F 没有接入或接触不良,或者输入信号幅度太大了。

(6) 现象:输入加上正弦信号,输出电压达不到设计的数值。

可能原因:电阻 R_1 和 R_F 的数值有误,或者负载电阻 R_L 太小,超出了运放的最大输出电流。

四、选做实验

1. 实验内容

设计一个同相比例放大电路,电路要求:增益 $\dot{A}_u = 11$,输入电阻 $R_i \geqslant 100\ \text{k}\Omega$,输出电阻 $R_o < 1\ \text{k}\Omega$。

2. 实验要求

(1) 完成同相比例放大电路的设计及仿真;

(2) 测量同相比例放大电路的交流、直流特性;

(3) 测量运放的最大输出电压和最大输出电流;

(4) 其他参数指标的测量,如增益如何调整、电源电压对运放最大输出电压的影响等。

五、设计指导

集成运算放大器构成基本比例放大电路,主要关注的是运算放大器型号和外围元件参数的选择。

1. 选择运算放大器型号

运放型号的选择就是根据所要求设计电路的性能指标,选择各项参数能满足要求的运算放大器,需要对电路性能指标及运放参数有一个全面的掌握。

在输入信号频率很低或为直流信号,且幅度又不太小、运放失调等的影响可以忽略的情况下,一般选择通用运放就能满足设计要求。

当输入为微弱信号时,为了减小运算误差,就应选择失调和漂移足够小的运放。如反相放大器的输入信号幅度只有 $10\ \text{mV}$ 左右,就不能选用输入失调电压最大值为 $6\ \text{mV}$ 的 $\mu A741$,而高精度运放如 OP07 就是个不错的选择(OP07 的输入失调电压典型值为 $60\ \mu V$)。

OP07CD
数据手册

如果信号的工作频率较高,就要选用高速宽带运放。尤其是在放大高频大幅度信号时,一定要考虑运放的转换速率(压摆率)S_R,它表示输出电压每微秒的最大变化量。例如,$\mu A741$ 的单位增益带宽为 $1\ \text{MHz}$,S_R 为 $0.5\ \text{V}/\mu s$,如果将它接成电压跟随器,当输入一个峰峰值为 $13\ \text{V}$,频率为 $10\ \text{kHz}$ 的方波时,电路的输出就变为一个三角波,发生了严重的失真,如图 2-1-9 所示。

2. 选择元件参数

对于比例运算电路,一般是先根据比例系数(增益)要求确定 R_F 和 R_1 的比值,然后具体选择 R_F 和 R_1 的值。如果是同相放大或者是对输入电阻 R_i 没有明确要求的反相放大,可以先依据经验选取 R_F,其选取原则为:流过 R_F 的电流(一般小于 $10\ \text{mA}$)应小于所选运

放的最大输出电流 I_{os},同时又要远大于运放的输入偏置电流 I_{IB}。通常反馈电阻 R_F 的取值在几十千欧到几百千欧,不宜过大或过小。因为 R_F 过大,R_1 也大,运放输入失调电流流过上述电阻会在运放输入端产生较大的附加差模电压,引起较大的输出失调;另外,$1\ M\Omega$ 以上的大电阻通常噪声大、稳定性差、精度低,除非有特殊需求,一般建议少用。若 R_F 过小、R_1 也小,流过的电流变大,将分掉过多的有效输出电流,且功耗增大。如果是反相放大,电路的输入电阻(为 R_1)也会随之变小,有可能满足不了要求。

另外需要注意的是,同相端平衡电阻按 $R_P=R_1/\!/R_F$ 确定时,R_1 应包括信号源内阻或前级电路的输出电阻。

2.2 加减运算电路的设计

一、实验目的

加减运算
电路的设计
(PPT)

(1)理解加减运算电路的基本概念;
(2)掌握加减运算电路的基本结构和各自特点;
(3)掌握加减运算电路的设计和调试方法;
(4)理解差模信号、共模信号以及它们对电路的影响;
(5)熟练掌握运算放大器构成电路的故障检查和排除方法。

二、实验原理

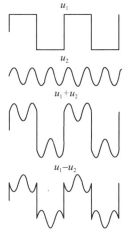

图 2-2-1 两个波形的
加减运算

1. 基本概念

利用运算放大器可以构成模拟信号的加法或减法运算电路。

在加法或减法电路的两个输入端加上不同的信号,比如分别加上两个不同的电压值,在其输出端会得到两个信号的按权相加或相减,通过测量输出电压结果,可以验证是否满足理论计算的规律。

也可以在输入端分别加上不同的波形,如一个正弦波、一个方波,利用示波器观察输入、输出波形的关系,分析输出波形是否为两个输入信号按不同的比例相加减,如图 2-2-1 所示。

2. 加法电路

运算放大器构成的加法电路,一般有两种基本的电路结构,分别为反相加法电路与同相加法电路,基本电路如图 2-2-2 所示。

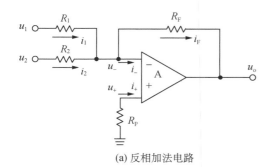

(a) 反相加法电路

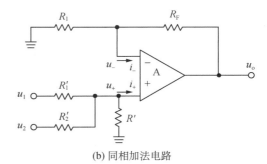

(b) 同相加法电路

图 2-2-2　加法电路

由理论分析可以得知：

图 2-2-2(a) 的输入/输出的关系式为：

$$u_{\text{o}} = -\left(\frac{R_{\text{F}}}{R_1}u_1 + \frac{R_{\text{F}}}{R_2}u_2\right) \tag{2.2.1}$$

图 2-2-2(b) 的输入/输出的关系式为：

$$u_{\text{o}} = \left(1 + \frac{R_{\text{F}}}{R_1}\right)\left(\frac{R_{\text{x}}}{R_1'}u_1 + \frac{R_{\text{x}}}{R_2'}u_2\right) \tag{2.2.2}$$

其中，$R_{\text{x}} = R_1' /\!/ R_2' /\!/ R'$。

两种加法电路各有其优缺点：

图 2-2-2(a) 所示的反相加法电路，电路结构简单，输入/输出加法表达式简洁，要改变某一输入信号的权值只要调整相对应的输入端电阻，而对其他各路不会造成影响，因此调节比较灵活方便。另外，由于"虚地"的存在，加在输入端的共模电压也很小，所以在实际工作中，反相输入方式的求和电路应用比较广泛。但由于是反相加法，总的输出有一个负号，要实现真正意义上的加法还需要通过一个反相比例放大电路完成倒相。

图 2-2-2(b) 所示的同相加法电路，利用一个运放就可以实现真正意义上的加法，但其表达式相对复杂，其中 R_{x} 与各输入端电阻都有关，当调节某一电阻以达到给定权值关系式时，另外的输入电压与输出电压的比值关系也将随之变化，常常需要反复调节才能将参数值最后确定，计算与调试过程比较麻烦。此外，由于不存在"虚地"特性，运放承受的共模输入电压也比较高。所以在实际工作中，同相输入方式的求和电路不如反相输入方式的求和电路应用广泛。

3. 减法电路

减法电路也可以有两种基本电路结构，如图 2-2-3 所示。

图 2-2-3(a) 是利用反相电路与加法电路实现减法功能的电路结构，由理论分析可知，其输出电压与输入电压的关系式为：

$$u_{\text{o}} = \frac{R_{\text{F2}}R_{\text{F1}}}{R_3 R_1}u_1 - \frac{R_{\text{F2}}}{R_2}u_2 \tag{2.2.3}$$

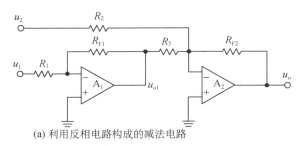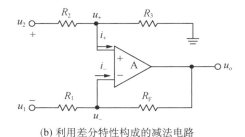

(a) 利用反相电路构成的减法电路　　　　　　(b) 利用差分特性构成的减法电路

图 2-2-3　减法电路

图 2-2-3(b)是在运放同相端和反相端分别加上信号,利用运放输入端的差分特性实现减法功能的电路,由理论分析可知,其输出电压与输入电压的表达式为:

$$u_{\mathrm{o}} = \left(1 + \frac{R_{\mathrm{F}}}{R_1}\right) \frac{R_3}{R_2 + R_3} u_2 - \frac{R_{\mathrm{F}}}{R_1} u_1 \tag{2.2.4}$$

两种减法电路各有优缺点:

图 2-2-3(a)所示电路,由于 A_1、A_2 的同相端接地,存在"虚地"特性,输入端没有共模信号,对器件的共模抑制比要求可以降低;但实现减法功能要利用两个运放,两个信号路径不对称,而且两个输入信号的权重调节比较麻烦。

图 2-2-3(b)所示电路,由于运放不存在"虚地"特性,运放输入端存在共模电压,所以需要选用共模抑制比比较高的集成运放,才能保证一定的运算精度;但只需要一个运放就实现了减法功能,且两个输入信号路径对称,信号权重调节简单。利用这个结构构成的经典减法电路——仪表放大电路,如图 2-2-4 所示。

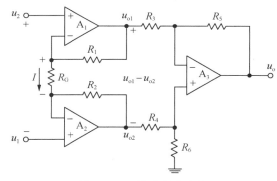

图 2-2-4　仪表放大电路

由理论分析可知,当满足:$R_1 = R_2 = R$,$R_3 = R_4 = R_5 = R_6$ 时,其输出与两个输入信号满足的关系式为:

$$u_{\mathrm{o}} = \left(1 + \frac{2R}{R_{\mathrm{G}}}\right) (u_2 - u_1) \tag{2.2.5}$$

图 2-2-4 所示的仪表放大器,由于两个信号分别从两个运放的同相端直接加入,所以

它的输入阻抗很高,若 A_1、A_2 选用特性相同的运放,它们的共模输出电压和漂移电压也都相等,再通过 A_3 组成的差分电路,可以互相抵消,所以它有很强的共模抑制能力和较小的输出漂移电压。

该电路可以实现较高的差模电压增益,而且由式(2.2.5)可知增益的调整只要改变电阻 R_G 的值即可实现,调节尤为简单,可以做成可变增益放大器。

有多种基于这种原理图而构成的单片集成电路可供选用,如 AD620、AD625、INA2141、INA2128 等等。

4. 加减运算电路的应用

由运放构成的加法或减法运算电路在很多场合有应用,如卡拉 OK 的背景音乐与麦克风歌唱声音的混合(如图 2-2-5 所示)、数字到模拟的转换(D/A)等都是加法运算的基本应用;而电桥信号的提取(如图 2-2-6 所示)、心电信号的获得等都可以看作是减法电路的应用。

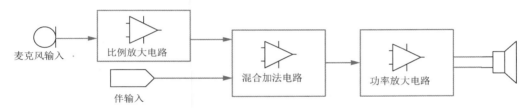

图 2-2-5　简易卡拉 OK 电路结构示意图

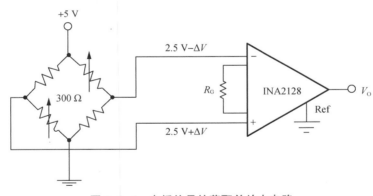

图 2-2-6　电桥信号的获取并放大电路

AD625
数据手册

INA2141
数据手册

INA2128
数据手册

加减运算
电路的设计
(视频)

μA741
数据手册

三、实验内容

1. 实验要求

利用 μA741、LM324、TL084 等通用运算放大器设计一个加法电路,要求满足的加法表达式为:

$$u_o = -(3u_1 + 2u_2) \tag{2.2.6}$$

LM324
数据手册

由实验原理分析得知,如图 2-2-7 所示的反相加法电路具有结构简单,调试方便,以及可以灵活调整等特点。

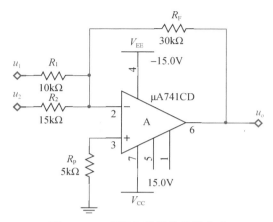

图 2-2-7 反相加法运算设计电路

TL084
数据手册

根据反相加法运算电路理论分析可知:

$$u_o = -\left(\frac{R_F}{R_1}u_1 + \frac{R_F}{R_2}u_2\right)$$

令 $\dfrac{R_F}{R_1}=3, \dfrac{R_F}{R_2}=2$

如果选择 $R_F=30\ \text{k}\Omega, R_1=10\ \text{k}\Omega, R_2=15\ \text{k}\Omega, R_P=5\ \text{k}\Omega$,就可以满足实验要求的加法规律:$u_o = -(3u_1+2u_2)$。

电阻选取一般是根据比例系数确定 R_F 和 R_1、R_2 的比值,然后选择 R_F 和 R_1、R_2 的值,选择方式可以参考实验 2.1 中的设计指导部分内容。

2. 仿真实验

利用 Multisim 软件,通过添加元器件、连线等操作,把电路先连接好,如图 2-2-8 所示。

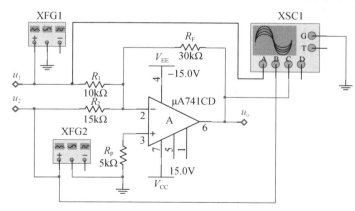

图 2-2-8 反相加法运算仿真电路

（1）加法功能的测量

在电路的两个输入端分别加上不同的信号，如 u_1 为方波，频率为 1 kHz，幅值为 2 V，u_2 为正弦波，频率为 3 kHz，幅值为 500 mV。用示波器同时观察输入和输出的波形，如图 2-2-9 所示，由上而下分别为 u_1、u_2、u_0 的波形，可以看出输出波形为输入波形的按权相加，如以两个特殊点参数计算，得到的结果如表 2-2-1 所示：

表 2-2-1　反相加法功能测量记录表

测量点	u_1/V	u_2/V	u_0/V（测量值）	$u_0=-(3u_1+2u_2)$/V（计算值）
P 点（举例）	2.000	0.491 7	−6.974	−6.983
Q 点（举例）	−2.000	−0.494 5	6.977	6.989
测量点 1				
测量点 2				

通过对 P 点和 Q 点的测量与计算，得到的结果与设计的理论值基本一致，电路实现了按权相加的功能。

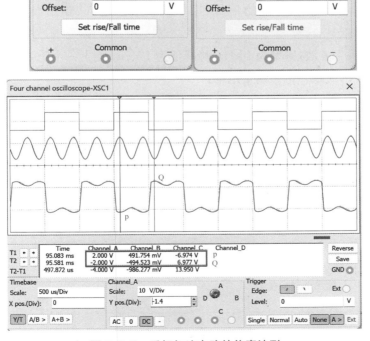

图 2-2-9　反相加法电路的仿真波形

（2）电路性能的研究

通过改变反馈电阻 R_F，或两个输入端电阻 R_1、R_2 的阻值，运行仿真软件后测量输入/输出波形的数值，进一步验证电路的按权加法运算关系是否正确，加深对加法运算电路中"权"值的理解。

稳压电源
使用说明书

3. 电路实验

按图 2-2-7 所示连接好电路，确认连接无误后打开电源开始实验，并记录数据。

（1）直流特性的测量

两个输入端加上不同的直流电压，用万用表测量输出电压，将数据记录在表 2-2-2 中：

表 2-2-2　反相加法电路的直流数据表

	第一组	第二组（自定义）
U_1/V	0.1	
U_2/V	-0.5	
理论值 U_o/V		
测量值 U_o/V		

通过实验数据分析输出电压与输入电压值，主要关注：

① 验证输入和输出的关系是否正确；

② 如有明显不满足加法关系的测量结果，是什么原因？

（2）交流特性的测量

两个输入端加上不同波形的信号，用示波器观察输入、输出波形，将结果记录在表 2-2-3 中。

信号源用户
手册

① u_1 加上一个方波，频率为 1 kHz，峰峰值为 1 V；u_2 加上一个正弦波，频率为 5 kHz，峰峰值为 200 mV，观察并记录测量结果；

② 自己选取一组不同的波形，观察并记录同一时刻的输入对应输出的测量结果，完成实验，记录数据于表 2-2-3 中，并分析输出与输入的关系。

表 2-2-3　不同输入信号实现反相加法功能的参数及波形记录表

	第一组	第二组（自定义）
u_1	1 V，1 kHz 方波	
u_2	0.2 V，5 kHz 正弦波	
记录输入输出波形图（图中可用游标测出某一时刻输入与输出的对应值）		

通过实验数据分析输出电压与输入电压值，主要关注：

① 验证输入与输出同一时刻测量结果的关系；

② 如有明显不满足加法关系的测量结果,是什么原因?

(3) 改变电阻阻值对电路性能的影响

在电路图 2-2-7 中改变反馈电阻 R_F、输入端电阻 R_1、R_2 的值就可以调整加法运算的比例系数。

如 R_F 由 30 kΩ 改成 20 kΩ,输入端加上不同的输入信号,测量输出电压值,并记录数据于表 2-2-4 中。

数字示波器
使用说明书

自己选取一组不同的电阻值,完成实验,记录数据于表 2-2-4 中,并分析输出与输入的关系。

表 2-2-4　不同参数对加法电路特性的影响

	第一组	第二组(自定义)
$R_F/\text{k}\Omega$	20	
$R_1/\text{k}\Omega$	10	
$R_2/\text{k}\Omega$	15	
u_1/V	1	
u_2/V	2	
记录输入输出波形图(图中可用游标测出某一时刻输入与输出对应值)		

4. 常见故障及可能的原因

(1) 现象:两个输入分别加上不同的直流电压值,输出值不满足设计指标。

可能原因:电阻选择是否有误,或输出电压超过了运放最大输出电压值。

(2) 现象:输入分别加上方波和正弦波信号,输出波形出现上下削顶失真。

可能原因:信号幅度过大,电源电压偏低,电阻阻值出错。

(3) 现象:输入加上两路信号,输出只与其中一路信号成比例关系。

可能原因:另外一路信号没有加入电路,或对应的电阻没有连接正确。

(4) 现象:输出波形为接近电源电压的方波。

可能原因:输入信号幅度太大,或反馈电阻没有正确接入电路。

四、选做实验

1. 实验内容

设计一个减法电路,电路要求满足关系式:$u_o = 3u_2 - 2u_1$。

2. 实验要求

(1) 完成减法电路的设计及仿真测量;

(2) 加上不同的直流电压值,测量输出电压和输入电压的关系;

(3) 用一个方波信号 u_1 与一个正弦波信号 u_2 观察输出波形与输入波形之间的关系;

(4) 改变输入方波和正弦波信号的幅度、频率,观察记录输出波形;

(5) 选用不同的输入端电阻或反馈电阻,观察输出波形,分析输入电阻和反馈电阻对电路性能有什么影响。

五、设计指导

集成运算放大器构成基本运算电路的设计,主要解决三个问题:确定电路结构、选择运算放大器型号和选择外围元器件参数。

1. 确定电路结构

通过运算放大器构成的基本运算电路,如比例、加法、减法等电路结构的理解和掌握,对需要完成的电路功能进行电路结构的设计。在此过程中一般都是把运放当作理想器件,可以利用运放线性应用的"虚短"和"虚断"特征。

一般而言,一个功能电路的实现会有多种电路结构,需要设计者综合多种因素选择相对比较合适的设计方案。如要实现 $u_o = 3u_2 - 2u_1$,可以有以下几种设计方式:

(1) 先将 u_1 通过反相比例电路得到 $-2u_1$,u_2 通过同相比例电路得到 $3u_2$,然后同相相加得到 $3u_2 + (-2u_1)$;

(2) 先将 u_2 通过一个反相器倒相得到 $-u_2$,然后和 u_1 按不同比例系数反相相加得到 $-[3(-u_2) + 2u_1]$;

(3) 直接用一个减法电路,如图 2-2-3(b)所示,实现按不同比例系数相减。

还可以有其他的实现方式,每种电路结构都有其自身的特点,除了能实现要求的运算功能外,还需要根据信号的特征、电路前后级的匹配关系等合理选择电路结构。如第一种设计,电路相对比较烦琐,用的运放也较多,但两个输入信号相互的关联度小,电路的调试以及改变系数都比较方便,而且两个信号通过的途径是平衡的,这对信号频率比较高,又需要精确运算的设计是有益的;第二种设计相比第一种而言,可以少用一个运放,但两个信号途径不平衡,对高速信号的运算不利;第三种设计电路结构最简单,只需要一个运放,但因为两个信号之间的相互影响,电路参数选择比较难,调试也比较麻烦,且存在共模电压,所以适合用在比例系数一定,电路要求尽量简单且精度要求不是太高的场合。

2. 模拟电路设计中电阻的选择

如何选择元件的参数是模拟电路设计的难点,电阻是应该用 $1\ \Omega$ 的还是 $1\ \mathrm{M\Omega}$? 一般来说在普通的应用中电阻值在 $1\ \mathrm{k\Omega}$ 级到 $100\ \mathrm{k\Omega}$ 级是比较合适的。在高速的应用中,电阻值可以选择偏小些,如在 $100\ \Omega$ 级到 $1\ \mathrm{k\Omega}$ 级,但会增大电源的消耗;而在便携式设计中为

电阻的性能
及参数

了减少功耗,阻值一般要选择偏大些,如在 1 MΩ 级到 10 MΩ 级,但是过大的电阻值将增大系统的噪声。

电阻的选取还需要考虑到精度和标称值,以及功率和体积等,详细内容可以查看第 4 章内容。

2.3　微分/积分电路实验研究

一、实验目的

（1）理解微分/积分运算电路的基本概念;

（2）掌握微分/积分电路的基本结构和各自的特点;

（3）掌握微分/积分电路的设计和调试方法;

（4）掌握微分/积分电路完成波形变换的方法。

微分积分
电路实验
研究(PPT)

二、实验原理

1. 基本概念

利用运算放大器构成微分/积分运算电路,除了完成对应的微分/积分运算外,在很多场合可以用来完成波形之间的变换,如图 2-3-1 所示,输入方波经过运算放大器构成微分/积分运算电路,输出脉冲波和三角波等。

2. 积分电路

积分电路原理图如图 2-3-2(a)所示:

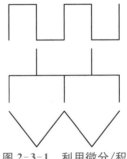

图 2-3-1　利用微分/积分电路实现波形的变换

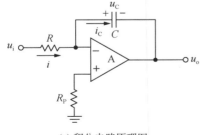

(a) 积分电路原理图

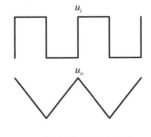

(b) 积分电路波形图

图 2-3-2　积分电路

利用电容两端电压和流过电流的关系：

$$i_C = C\frac{\mathrm{d}u_C}{\mathrm{d}t} \tag{2.3.1}$$

以及理想运放在线性区工作时"虚短"和"虚断"的特点，可以得到：

$$u_o = -u_C = -\frac{1}{C}\int i_C \mathrm{d}t = -\frac{1}{RC}\int u_i \mathrm{d}t \tag{2.3.2}$$

式(2.3.2)表示输出电压 u_o 为输入电压 u_i 对时间的积分，负号表示它们在相位上是反相的，通常也将式(2.3.2)中电阻与电容的乘积称为时间常数，用符号 τ 表示，即：

$$\tau = RC \tag{2.3.3}$$

一般情况下，积分电路的时间常数 τ 要大于等于 10 倍输入脉冲宽度。

如果在开始积分前，电容两端已经存在一个初始电压 $U_C(0)$，使输出端电压为 $U_o(0)$，则输出电压应表示为

$$u_o(t) = -\frac{1}{RC}\int_0^t u_i \mathrm{d}t + U_o(0) \tag{2.3.4}$$

如果输入电压为直流电压 U_I，则

$$u_o(t) = -\frac{U_I}{RC}t + U_o(0) \tag{2.3.5}$$

式(2.3.5)表示直流电压经过积分电路后，输出信号是随时间线性变化的电压，如果输入电压为方波，则输出变换为三角波，如图 2-3-2(b)所示。

注意：实际应用电路中，通常在积分电容 C 两端会并接反馈电阻 R_F，用作直流负反馈，如图 2-3-3 所示，目的是减小集成运算放大器输出端的直流漂移。但是反馈电阻的存在将影响积分电路的线性关系，为了改善线性关系，反馈电阻一般不宜太小，当然太大对抑制直流漂移不利，因此反馈电阻应合理选取，一般选择：$R_F \geqslant 10R$。

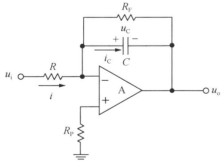

图 2-3-3　积分电路反馈端并联大电阻

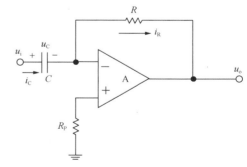

图 2-3-4　微分电路

3. 微分电路

运算放大器构成的微分电路如图 2-3-4 所示。

利用电容两端电压与流过电流的关系式(2.3.1)以及运算放大器线性应用的"虚短"

和"虚断"的特点可得:

$$u_o = -i_R R = -i_C R = -RC\frac{\mathrm{d}u_i}{\mathrm{d}t} \tag{2.3.6}$$

式(2.3.6)表明:电路的输出电压 u_o 正比于输入电压 u_i 对时间的微分,实现了微分电路功能。一般情况下,微分电路的时间常数 $\tau = RC$,要小于等于 1/10 倍的输入脉冲宽度。

注意:实际应用电路中,通常会在反馈电阻 R 两端并接一个小电容 C_F,以减小高频噪声等问题,如图 2-3-5 所示,一般选择 $C_F \leqslant 0.1C$。有时也会在微分电容 C 的支路中串接一个小阻值电阻 R_1,当有较大脉冲信号输入时,利用该电阻起到缓冲作用,以防止运放出现阻塞现象。

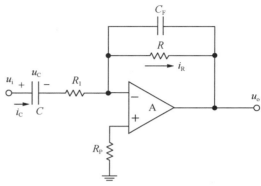

图 2-3-5　微分电路反馈端并联小电容

4. 微分/积分电路的基本应用

(1) 积分电路的应用

积分电路除了完成积分运算功能外,在很多场合都有应用:可以实现波形变换,如把方波变换成三角波、矩形波变换成锯齿波等;可以实现模数转换,如双积分型 A/D 转换电路,利用一次"定时积分"和一次"定压积分",将模拟电压值转换成相应的时间量,通过计数来完成模拟信号到数字信号的转换;可以实现移相功能,如输入加上正弦信号 $u_i = U_{im}\sin\omega t$,通过积分电路后其输出为:

$$u_o = -\frac{1}{RC}\int u_i \mathrm{d}t = \frac{U_{im}}{\omega RC}\cos\omega t \tag{2.3.7}$$

式(2.3.7)表示输出波形超前输入波形 90°,完成了移相功能。

(2) 微分电路的应用

微分电路的应用也很广泛,除了可作微分运算外,在数字脉冲电路中,微分电路常用于波形变换,例如可将矩形波变为尖顶脉冲波,用于数字电路中的触发脉冲信号。此外微分电路也可做移相电路,如输入为正弦波电压 $u_i = U_{im}\sin\omega t$,通过微分电路后其输出将变成:

$$u_o = -RC\frac{\mathrm{d}u_i}{\mathrm{d}t} = -\omega RC U_{im}\cos\omega t \tag{2.3.8}$$

式(2.3.8)表示: u_o 的波形比 u_i 滞后 90°,实现了移相作用。从式(2.3.8)中还可看出,由于 u_o 的输出幅度将随信号频率的增加而线性增加,因此微分电路对高频噪声特别敏感,以致输出噪声可能完全淹没微分信号,在构成实用电路时要特别注意。

在实际工程应用中,特别是闭环控制系统中,比例、积分、微分电路各自承担不同的角色功能。图 2-3-6 是一个典型的比例积分微分闭环控制系统,也称为 PID 控制系统。

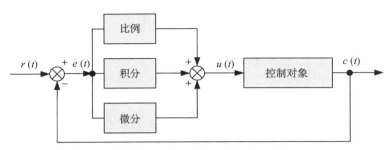

图 2-3-6　PID 控制系统原理框图

用运算表达式表示为:$u(t) = K_p e(t) + \dfrac{1}{T_I}\displaystyle\int_0^t e(t)\mathrm{d}t + T_D \dfrac{\mathrm{d}e(t)}{\mathrm{d}t}$　　　　(2.3.9)

式(2.3.9)表示了 PID 控制的基本原理:给定值 $r(t)$ 与实际输出值 $c(t)$ 构成偏差:$e(t) = r(t) - c(t)$,将偏差按比例、积分和微分线性组合构成控制量,对受控对象进行控制。其中:K_p、T_I、T_D 分别为比例系数、积分系数和微分系数。

比例环节:及时成比例地反映控制系统的偏差信号 $e(t)$,偏差一旦产生,调节器立即产生控制作用以减小偏差;

积分环节:对以往的误差信号发生作用,主要用于消除控制过程中的静态误差,提供系统的无差度,积分作用的强弱取决于积分时间常数;

微分环节:能反映偏差信号的变化趋势(变化速率),并能在偏差信号的值变得太大之前,在系统中引入一个有效的早期修正信号,加快系统的动作速度,减小调节时间。

PID 控制系统就是针对不同控制对象,通过调节 3 个参数 K_p、T_I、T_D,使系统能快速达到稳定。

三、实验内容

微分积分
电路实验研究
(PPT)

1. 实验要求

利用 μA741、LM324、TL084 等通用运算放大器构成一个微分电路,开展电路性能的测量和实验研究。

微分实验电路如图 2-3-7 所示,采用 μA741 运放,按图示电路结构和参数连接好电路,运放使用 ±15 V 电源供电,确保正确无误后就可以开展实验。

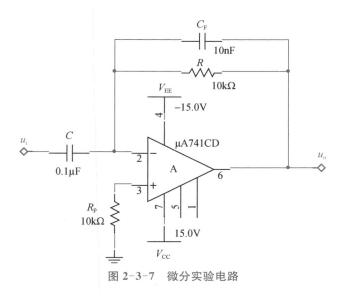

图 2-3-7　微分实验电路

2. 仿真实验

利用 Multisim 软件,通过添加元器件、连线等操作,把电路先连接好,如图 2-3-8 所示。

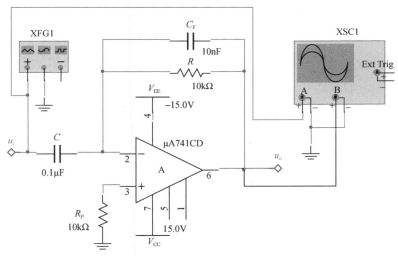

图 2-3-8　微分电路仿真实验

(1) 微分电路性能的测量

在电路的输入端加上一个方波信号,频率为 100 Hz,占空比为 50%,幅值为 1 V,偏移量为 0 V,用示波器同时观察输入和输出的波形。

由图 2-3-9 可以看出,当输入端加上一个方波,通过微分电路后,在输入端波形发生跳变的瞬间,输出为一个反向的尖峰脉冲,实现微分功能。如果把输出的尖峰脉冲的时间轴放大,如图 2-3-10 所示,则发现脉冲顶部有一个平顶部分,其电压值受运算放大器的最大输出电压制约,约为 14.119 V。

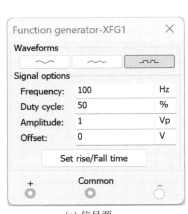

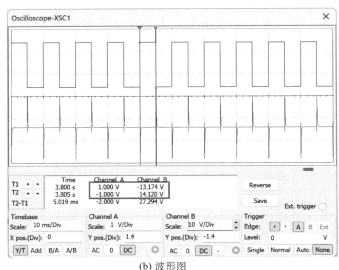

(a) 信号源   (b) 波形图

图 2-3-9 微分电路仿真波形图

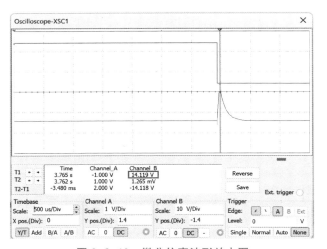

图 2-3-10 微分仿真波形放大图

（2）微分电路特性的研究

如果输入一个正弦波信号，改变不同的信号频率，观察通过微分电路后的输出波形。图 2-3-11(a)(b)为信号频率为 100 Hz，幅值为 1 V 的正弦波输入/输出波形，图 2-3-11(c)(d)为信号频率 200 Hz，幅度同样为 1 V 的正弦波输入/输出波形。

由微分电路公式(2.3.8)可知：在相同幅度的输入信号作用下，由于输入信号的频率发生了变化，输出波形滞后输入波形 1/4 个周期不变，图(a)滞后 $\dfrac{2.509\ \text{ms}}{10\ \text{ms}} \approx \dfrac{1}{4}$，图(c)滞后 $\dfrac{1.255\ \text{ms}}{5\ \text{ms}} \approx \dfrac{1}{4}$，但输出信号的幅度会发生变化，峰峰值由 1.252 V 变为 2.493 V，近似大了一倍，这说明了微分电路对信号频率比较敏感的特征。

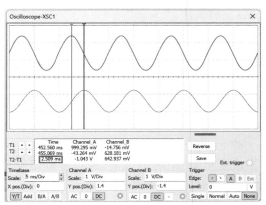
(a) 1 V、100 Hz正弦波输入/输出波形相位测量

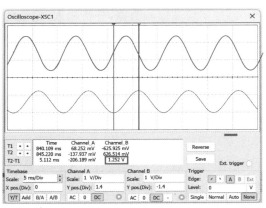
(b) 1 V、100 Hz正弦波输出波形峰峰值测量

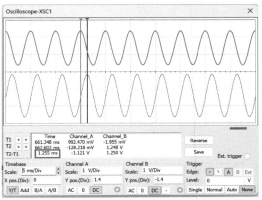
(c) 1 V、200 Hz正弦波输入/输出波形相位测量

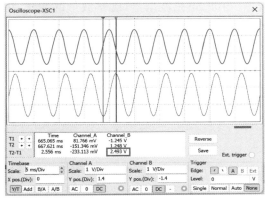
(d) 1 V、200 Hz正弦波输出波形峰峰值测量

图 2-3-11　不同频率信号对应的输入/输出波形

还可以通过改变微分电阻、电容等参数值,观察电路输入/输出波形之间的变化关系,进一步研究和掌握微分电路的性能。

3. 电路实验

按图 2-3-7 所示接好电路,确认连接无误后打开电源开始实验,并记录数据。

(1) 微分电路性能的测量

在微分电路的输入端加上不同的信号波形,如方波、三角波、正弦波等,利用双通道示波器观察输入与输出的波形,分别记录波形及参数于表 2-3-1 中,分析波形之间的关系。

信号源用户
手册

表 2-3-1　不同的输入波形对应的输出波形

输入波形	频率＝100 Hz,幅值＝1 V		
	方波	三角波	正弦波
记录输入/输出波形 (双通道示波器测量)			

通过实验波形和数据,分析输入/输出的关系,主要关注:

① 验证输入和输出的微分关系;

② 输出波形和输入波形之间的相位关系。

（2）微分电路特性的研究

由实验原理可知,微分电路的输出与输入之间满足微分关系,即:

$$u_o = -RC \frac{du_i}{dt}$$

数字示波器
使用说明书

其中电阻、电容对电路性能有很大的影响。如果改变电阻、电容的取值,通过实验研究分析对电路输出特性有什么影响,进一步理解微分电路的特性。

如改变反馈电阻 R,由原来的 $10\ k\Omega$ 改为 $20\ k\Omega$,电路如图 2-3-12 所示,输入一个方波、三角波、正弦波信号,观察波形的变化,记录波形相关参数于表 2-3-2 中,并与上述实验内容做对比,分析实验结果。

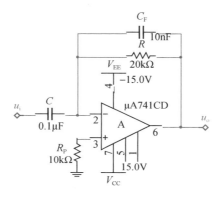

图 2-3-12　微分电阻 R 由 $10\ k\Omega$ 改为 $20\ k\Omega$

表 2-3-2　微分电阻 R 对输出波形影响记录表

输入波形	频率＝100 Hz,幅值＝1 V		
	方波	三角波	正弦波
记录输入/输出波形 （双通道示波器测量）			

也可以通过改变电容 C,观察并分析输出/输入之间的变化规律。

实验中注意电容 C_F 的取值,按照微分电路的设计要求,电容 C_F 的取值要比 C 小得多,同样对输入信号频率而言,电容 C_F 所呈现的阻抗要比并联的电阻 R 大得多,所以电容 C_F 对微分电路特性的影响相对比较小。但如果电容 C_F 的取值不合理,会导致微分电路的特性发生根本性的变化。如将 C_F 由原来的 $10\ nF$ 改为 $1\ \mu F$,对原微分电路再进行输入/输出波形的测量,波形记录于表 2-3-3 中,并和原实验记录表 2-3-2 对比,分析原因。

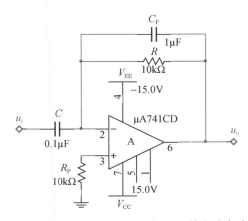

图 2-3-13　C_F 由 10 nF 改为 1 μF 的实验电路

表 2-3-3　电容 C_F 改变对输出波形影响记录表

输入波形	频率＝100 Hz,幅值＝1 V		
	方波	三角波	正弦波
记录输入/输出波形 （双通道示波器测量）			

4. 常见故障及可能的原因

(1) 现象:输出信号为与输入信号反相的方波。

可能原因:由于反馈端电阻 R 没有接好而开路。

(2) 现象:输出微分波形效果不好。

可能原因:反馈电阻 R 阻值偏大。

(3) 现象:在输入方波的平坦部分,输出波形不为零而是在逐渐接近零。

可能原因:并接在反馈电阻两端的电容 C_F 取值偏大。

(4) 现象:输出波形有高频干扰。

可能原因:由于并接在反馈电阻两端的电容 C_F 没有接好而开路。

(5) 现象:电路参数正确,但输出不是设计要求的微分波形。

可能原因:输入的方波信号频率过高。

四、选做实验

1. 实验内容

设计一个波形转换电路,输入为方波(周期＝10 ms,幅值＝1 V),输出为三角波(周期＝10 ms,幅值＝2 V),波形如图 2-3-14 所示。

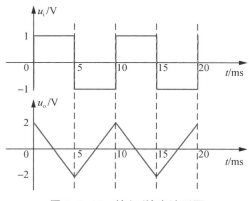

图 2-3-14 输入/输出波形图

2. 实验要求

(1) 完成电路的设计及仿真测量;

(2) 研究输入信号频率和积分之间的关系。

(3) 如果输出的波形出现顶部或底部被削平的情况,可能会是什么原因?

(4) 选用不同的电阻、电容等参数,对电路性能会有什么影响?

(5) 如果输入是一个占空比不为 0.5 的矩形波,即矩形波的高电平时间和低电平时间不相等,输出的波形是什么?

五、设计指导

电容的性能
及参数

对于反相积分电路,如图 2-3-3 所示,如果其输入端是一个幅值为 E、周期为 T 的方波信号,则积分电路中电阻 R 和 C 的取值应满足 $\dfrac{E}{RC} \cdot \dfrac{T}{2} < U_{omax}$,其中 U_{omax} 为所选运放的最大输出电压值,所以积分时间常数 RC 的值不能太小,否则积分器的输出将使运放饱和。反之,RC 的值也不能太大,否则在一定的积分时间内输出电压将会很小。

由于反相积分器的输入电阻就是 R,一般而言希望 R 的值取得大些。但增大 R,就必然要减小 C,这会加剧输入失调电流引入的积分漂移。因此,在 R 满足输入电阻的条件下,尽量选择大一点的 C,而 C 值取得太大又会带来电容漏电问题。所以一般情况下,积分电容的值不宜超过 1 μF。常选用漏电小、容量相对稳定的聚苯乙烯电容、涤纶电容、钽电容等。

在实际积分应用电路中,常在积分电容的两端并联一个大电阻 R_F,用以限制电路的低频(直流)电压增益。当输入信号频率远大于 $\dfrac{1}{2\pi R_F C}$ 时,R_F 可以认为是开路,电路为基本的积分器;当输入信号频率较低或接近直流时,如果不接 R_F,由于电容 C 反映出的容抗很大可以认为是开路,运放近似开环工作,其输出将出现饱和现象,而接上 R_F 后,电路工作在反相电路方式。当然,R_F 的接入必将对积分电容 C 产生分流作用,从而导致积分误差。为了减小积分误差,一般需要满足 $R_F \gg R$,通常会取 $R_F \geqslant 10R$。

2.4　单电源供电运算放大器的应用

一、实验目的

(1) 掌握运放的单电源供电方式及电路结构;
(2) 掌握单电源供电运放工作性能的测量;
(3) 掌握单电源运放偏置电压和输出动态范围的关系;
(4) 熟悉运放单电源工作的各种应用电路。

单电源供电
运算放大器
的应用
(PPT)

二、实验原理

1. 基本概念

经常看到的一些运算放大器应用电路,以及前面做过的一些运算放大器应用实验中,都是用双电源供电的,即运放外加了正负电源。但在有些应用场合,针对实际被放大信号特性并考虑简化电路设计,经常希望用单电源给运放供电,因此有必要研究在什么情况下可以用单电源供电,以及如何将双电源供电方式转换成单电源方式,其特点及注意事项有哪些。

一般的运算放大器都有两个电源引脚,在资料手册中的常用标识为 $+V_{CC}$ 和 $-V_{CC}$(也有标识成 V_{EE} 的),表示用电压值相等的正负两个电源给运放供电,如 ± 15 V、± 12 V 或 ± 9 V 等,如图 2-4-1 所示。输入电压和输出电压都是参考电源"地"给出的,包括理论上分析输出正负电压的摆动幅度 U_{OM} 极限值为 V_{CC},以及最大输出摆幅为 $2V_{CC}$ 等。

2. 运放的单电源供电方式

双电源供电的运放应用电路可以改成单电源供电,如图 2-4-2 所示。

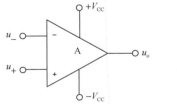

图 2-4-1　双电源供电方式

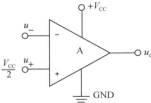

图 2-4-2　单电源供电方式

运放的 $+V_{CC}$ 引脚还是连接在正电源上,原来 $-V_{CC}$ 电源引脚连接到电源"地"(GND)

上。将正电源分成一半后的电压作为"虚地"接到运放的一个输入引脚上,这时运放的输出电压也是该"虚地"电压,运放的输出电压以"虚地"为中心,完成信号的放大、处理等功能,输出的极限摆幅 U_{OM} 在 $V_{CC}/2$。需要特别注意的是不能用该"虚地"($V_{CC}/2$)来参考输入电压和输出电压,在大部分应用中,输入和输出是参考电源"地"的,所以必须在输入端和输出端加入隔直电容,用来隔离"虚地"和电源"地"之间的直流电压,由于利用了电容进行隔直,单电源供电的运放只能放大交流信号。

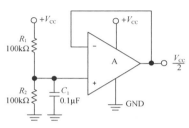

图 2-4-3　单电源工作的偏置电路

3. 运放单电源供电应用注意点

（1）虚地

单电源工作的运放需要外部提供一个"虚地",通常情况下,这个电压是 $V_{CC}/2$,图 2-4-3 所示电路可以用来产生 $V_{CC}/2$ 的电压。

图 2-4-3 中,R_1 和 R_2 是相等的,其数值由电源允许的消耗与电路对噪声的要求来选择,电容 C_1 是低通滤波,用来减少从电源上传来的噪声。在有些应用中可以省略缓冲运放 A,直接用电阻分压处得到的电压给单电源工作的运放提供偏置电压。

（2）交流耦合

单电源工作中的"虚地",是大于电源地的直流电平,这是一个局部的"地"电平,这样就产生了一个电势问题:输入和输出电压一般都是参考电源地的,如果直接将信号源的输出接到运放的输入端,由于"虚地"和电源"地"之间存在的直流偏移,运放输出将不能正确的响应输入信号,甚至信号会超出运放允许的输入或者输出范围。解决这个问题的方法是将信号源和运放之间用交流耦合。利用电容的隔直通交作用,输入和输出器件就都可以参考电源"地",而运放电路可以参考"虚地"。

4. 单电源供电运放电路的基本结构

运放构成的放大电路有两个基本类型:同相放大器和反相放大器。它们在单电源供电情况下的交流耦合放大电路如图 2-4-4 和图 2-4-5 所示。

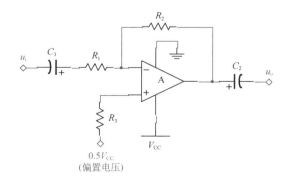

图 2-4-4　单电源供电反相放大电路

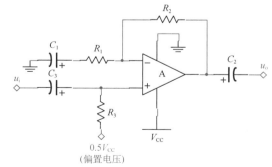

图 2-4-5　单电源供电同相放大电路

用类似的方式也可以构成单电源供电的其他各种应用电路,如加法器、减法器、微分或积分等电路。

三、实验内容

1. 实验要求

用 μA741 运放构成单电源供电同相比例运算放大电路,电路及参数如图 2-4-6 所示,电源电压选择用 +12 V。根据参数可知,该电路的放大倍数为 2 倍,且输入/输出都有电容隔直,所以只能放大交流信号。由电阻 R_3 和 R_4 提供的(偏置)电压(虚地),以保证运放能正常工作。

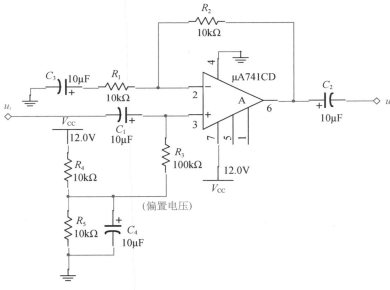

图 2-4-6　单电源同相比例运算电路

2. 仿真实验

（1）放大特性的测量

按图 2-4-6 正确连接电路后,在输入端加上一个频率为 1 kHz,幅值为 1 V 的正弦信号,利用双通道示波器,分别测量输入信号和输出信号,得到如图 2-4-7 所示波形。

由图 2-4-7 仿真的示波器波形可知,该放大电路的输入信号峰峰值为 1.960 V,输出信号峰峰值为 3.920 V,放大了 2 倍,且是同相放大。

也可以输入不同频率和幅度的正弦波,测量输入/输出的关系,看看是否满足理论分析结果。

（2）最大不失真输出幅度

输入信号幅度逐渐加大时,输出信号也同步加大,当输入信号加大到一定值时,输出信号几乎同时出现了上下削顶的失真,如图 2-4-8(a)所示。

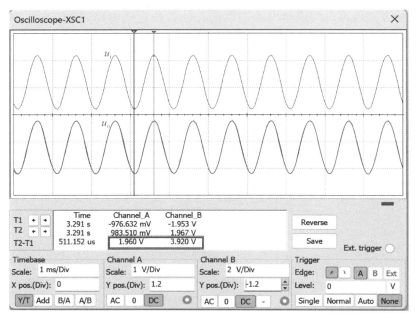

图 2-4-7　单电源同相比例运算电路仿真波形图

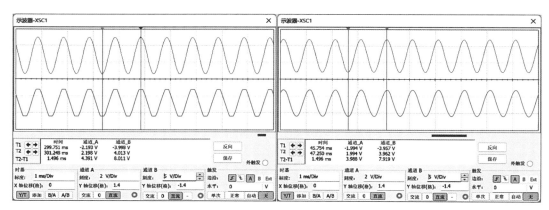

(a) 顶部和底部出现削顶失真　　　　　　　　(b) 最大不失真输出幅度

图 2-4-8　最大不失真输出幅度的测量

适当减小输入信号,使输出信号顶部和底部都不失真时就可以得到最大输出幅度,如图 2-4-8(b)所示,通过示波器测量可以得到此时的最大不失真输出幅度约为 4 V。

(3) 最大不失真输出幅度与偏置电压的关系

单电源工作时的最大不失真输出幅度与设置的偏置电压值有关,由运放在 12 V 电源电压工作时的最大、最小输出电压与偏置电压的差值确定了最大输出电压幅度,如果调整偏置电压,输出的最大不失真幅度也将会发生变化。

如果将图 2-4-6 中的电阻 R_5 由原来的 10 kΩ 调整到 5 kΩ 时,偏置电压为电源电压的三分之一(4 V),用类似方式可以得到,输出信号会先出现底部的削顶失真,如图 2-4-9(a)所示,对应的最大不失真输出电压幅度约为 2 V,如图 2-4-9(b)所示。

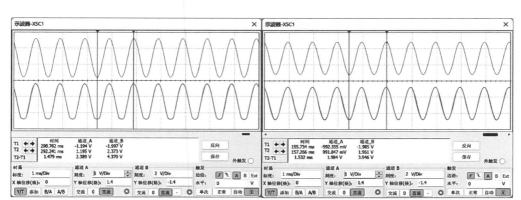

(a) 输出信号出现底部失真　　　　　　　　(b) 最大不失真输出幅度

图 2-4-9　偏置电压为 4 V 时的最大不失真输出幅度

如果将 2-4-6 中的电阻 R_4 由原来的 10 kΩ 调整为 5 kΩ,而 R_5 恢复为 10 kΩ,即运放同相端的直流偏置电压由二分之一的电源电压(6 V)调整为三分之二的电源电压(8 V)时,类似的测量方法,可以看到先出现的是顶部削顶失真,如图 2-4-10(a)所示,此时最大不失真输出幅度约为 2 V,如图 2-4-10(b)所示。

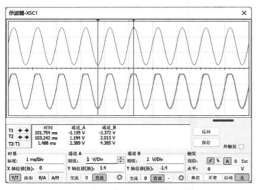

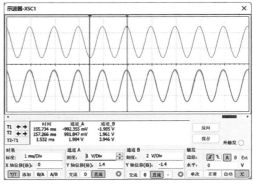

(a) 输出信号出现顶部失真　　　　　　　　(b) 最大不失真输出幅度

图 2-4-10　偏置电压为 8 V 时的最大不失真输出幅度

(4) 观察输出信号的直流分量

在上述实验的基础上,如果输出端不用耦合电容,示波器通道 B 采用直流耦合方式直接接到运放 μA741 的输出端,通道 A 为输入信号,得到如图 2-4-11 所示的输入/输出波形,可以看出,当输入加上 2 V 峰峰值正弦波时,输出信号是在 6 V 到 10 V 之间变化,有 8 V 的直流分量,如果扣除直流分量,交流信号的变化量是－2 V 到 2 V,峰峰值为 4 V,放大倍数还是为 2 倍,满足同相放大的功能。其中直流分量的值,就是在同相端设置的偏压值,由此可见,单电源供电的运算放大电路,可以放大交流信号,其偏置电压的设置与输出的直流分量相等,也进一步说明了仿真实验(3)与(2)中不同的偏置电压导致输出信号最大不失真幅度不同的原因。

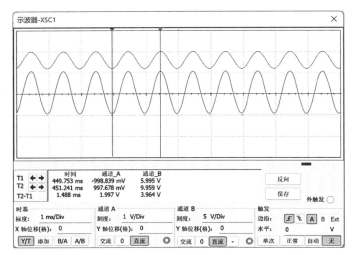

图 2-4-11　含直流分量的输出信号

稳压电源使
用说明书

数字万用表
使用说明书

3. 电路实验

按图 2-4-6 所示接好电路,确认连接无误后打开电源开始实验,并记录波形数据。

（1）放大性能的测量

在单电源供电同相放大电路的输入端加上不同的输入信号波形,利用双通道示波器观察输入和输出波形,并将参数填入表 2-4-1 中,分析输入/输出信号之间的关系。

表 2-4-1　单电源同相放大电路参数测量表

输入波形	正弦波		
输入信号 u_i	频率 1 kHz 电压峰峰值 20 mV	频率 1 kHz 电压峰峰值 2 V	频率 1 kHz 电压峰峰值 10 V
输出信号峰峰值 U_o/V			
输入/输出波形图			
放大倍数 A			

（2）最大不失真输出幅度和直流偏置电压的关系

在电路实验（1）的基础上,通过调整输入信号,使输出达到最大不失真时,测量此时的输出信号幅度;调整偏置电压为电源电压的三分之一,即将电阻 R_5 由原来的 10 kΩ 调整到 5 kΩ 时,调整输入信号,使输出达到最大不失真,测量输出信号幅值;同样,调整偏置电压为电源电压的三分之二,即将电阻 R_4 由原来的 10 kΩ 调整到 5 kΩ 时,R_5 恢复为 10 kΩ 调整输入信号,使输出达到最大不失真,测量输出信号幅值,将测量到的最大不失真输出幅度值填写在表 2-4-2 中,并分析单电源供电运算放大电路的最大不失真输出幅度与偏置电压的关系。

表 2-4-2　不同偏置电压下的最大不失真输出幅度测量表

偏置电压值	$V_{CC}/2$	$V_{CC}/3$	$2V_{CC}/3$
最大不失真输出幅度			

（3）直流偏置与交流放大特性的研究

在电路实验（1）的基础上,输出端直接取自运放的输出端而不通过输出耦合电容,示波器用直流耦合方式,通过改变不同的输入信号,观察输出信号的波形和变化规律,填入表 2-4-3 中,并分析特点。

表 2-4-3　直流偏置与交流放大特性研究的参数记录表

输入波形	正弦波		
输入信号 u_i	频率 1 kHz 电压峰峰值 20 mV	频率 1 kHz 电压峰峰值 2 V	频率 1 kHz 电压峰峰值 10 V
输入/输出信号波形			
输出信号直流分量/V			
输出交流信号峰峰值 U_o/V			
交流放大倍数 A			

信号源用户手册

数字示波器使用说明书

4. 常见故障及可能的原因

（1）现象:输出不用耦合电容测量时,示波器看不到直流分量。

可能原因:示波器输入没有设置成直流耦合方式。

（2）现象:输出不用耦合电容测量时,示波器直流耦合,但几乎看不到交流分量。

可能原因:输出交流信号较小时（如只有几十毫伏）,由于直流分量较大（一般为几伏）,此时示波器在直流耦合方式下不能同时测出直流和交流信号,要在直流耦合方式下测量直流偏置电压,然后再在交流耦合方式下测量交流分量。

（3）现象:输出信号与输入信号的关系不满足设计的比例值。

可能原因:电阻 R_1 或 R_2 的取值有误。

（4）现象:输出信号已经不是正弦波了,顶部、底部出现了削顶失真。

可能原因:输入信号偏大或供电电源电压偏小,再或者是电阻 R_2 与 R_1 的比值偏大。

（5）现象:输出波形只有半个波形。

可能原因:同相端偏置电压值设置太低,或者因电阻 R_5 没有接好而导致开路。

四、选做实验

1. 实验内容

设计一个单电源供电的交流反相比例放大电路,要求放大倍数为－4倍,输入电阻不小于 10 kΩ。

2. 实验要求

(1) 完成电路的设计及仿真分析;

(2) 输入加上正弦信号,观察输入/输出波形的关系;

(3) 记录实验数据和波形;

(4) 电路的最大输出动态范围有多大?

五、设计指导

常用的单电源应用电路结构:

(1) 反相比例放大电路

如图 2-4-12 所示,增益为 $A_u = -\dfrac{R_2}{R_1}$,一般取 $R_3 = R_1 /\!/ R_2$。

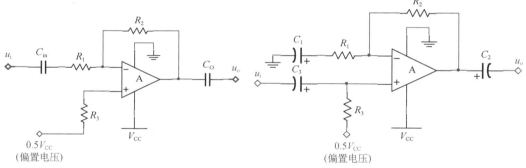

图 2-4-12 单电源反相比例放大电路　　　图 2-4-13 单电源同相比例放大电路

(2) 同相比例放大电路

如图 2-4-13 所示,增益为 $\dot{A}_u = 1 + \dfrac{R_2}{R_1}$,一般取 $R_3 = R_1 /\!/ R_2$。

(3) 反相加法电路

如图 2-4-14 所示,输出与输入的关系为: $u_o = -\left(\dfrac{R_2}{R_{11}}u_{i1} + \dfrac{R_2}{R_{12}}u_{i2} + \dfrac{R_2}{R_{13}}u_{i3}\right)$

当满足: $R_{11} = R_{12} = R_{13} = R$ 时,输出与输入的关系式为:

$$u_o = -\frac{R_2}{R}(u_{i1} + u_{i2} + u_{i3})$$

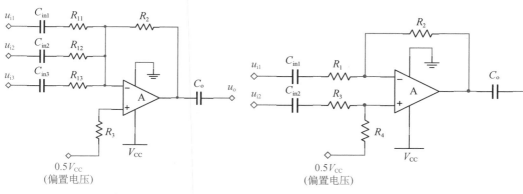

图 2-4-14　单电源反相加法电路　　　　图 2-4-15　单电源减法电路

（4）减法电路

如图 2-4-15 所示，当满足：$R_1 = R_3$、$R_2 = R_4$ 时，输出与输入的关系为：

$$u_o = \frac{R_2}{R_1}(u_{i2} - u_{i1})$$

一般取：$R_1 /\!/ R_2 = R_3 /\!/ R_4$

（5）仪用放大器

如图 2-4-16 所示，当满足：$R_1 = R_3$、$R_2 = R_4$、$R_5 = R_6$ 时，输出与输入的关系为：

$$u_o = \frac{R_2}{R_1}\left(1 + \frac{2R_5}{R_7}\right)(u_{i2} - u_{i1})$$

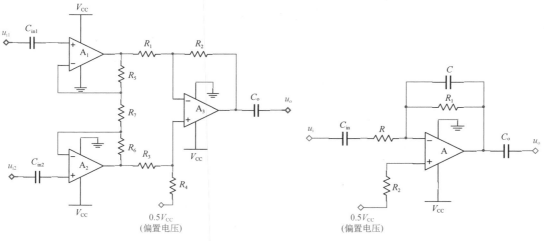

图 2-4-16　单电源仪用放大器　　　　图 2-4-17　单电源积分运算电路

（6）积分运算电路

如图 2-4-17 所示，输出与输入的关系式为：$u_o = -\dfrac{1}{RC}\displaystyle\int u_i \mathrm{d}t$

（7）微分运算电路

如图 2-4-18 所示，输出与输入的关系式为：$u_o = -RC \dfrac{du_i}{dt}$

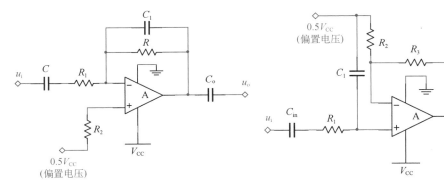

图 2-4-18　单电源微分运算电路　　　　图 2-4-19　单电源低通滤波器

（8）低通滤波器

如图 2-4-19 所示，截止频率为：$f_o = \dfrac{1}{2\pi R_1 C_1}$

通带内增益为：$A_u = 1 + \dfrac{R_3}{R_2}$

（9）高通滤波器

如图 2-4-20 所示，截止频率为：$f_o = \dfrac{1}{2\pi R_1 C_1}$

通带内增益为：$A_u = 1 + \dfrac{R_3}{R_2}$

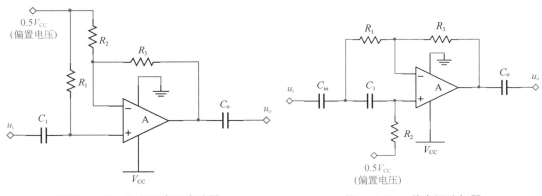

图 2-4-20　单电源高通滤波器　　　　图 2-4-21　单电源移相器

（10）移相器

如图 2-4-21 所示，可以通过改变 R_2 或 C_1 的值，对不同的输入信号频率，输出与输入之间有 $0° \sim 180°$ 的相位移，而保证有相同的信号幅度。

2.5　有源滤波器实验研究

一、实验目的

(1) 掌握 RC 有源滤波器的工作原理；

(2) 掌握滤波器选择应用的基本原则；

(3) 掌握滤波器基本参数的测量调试方法；

(4) 熟悉 RC 有源滤波器的仿真设计方法。

有源滤波器
实验研究
（PPT）

二、实验原理

1. 基本概念

滤波器的主要功能是滤除不需要的频率信号，保留所需频率信号。简单说，它是一种对信号具有频率选择性的电路。在自动控制、仪表测量、无线电通信等系统中，它被广泛用于模拟信号处理、数据传送和干扰抑制等场合。

常用的模拟滤波器有无源和有源两种结构。由集成运算放大器和 RC 等无源元件组成的滤波器称为有源滤波器，由于集成运算放大器能使有源滤波器具有高输入阻抗和低输出阻抗的特点，并且能够更好地提高滤波器性能，因此其应用更为广泛。在滤波器电路中，根据其滤除频率信号分量的范围及特性，分为低通滤波器 LPF、高通滤波器 HPF、带通滤波器 BPF、带阻滤波器 BEF 以及用于移相的全通滤波器 APF。各种滤波器的理想幅频特性如图 2-5-1 所示（黑线），实际上理想滤波特性是无法实现的，只能用各种设计手段使实际特性尽量逼近理想特性，图 2-5-1 中的红线为实际幅频特性曲线。

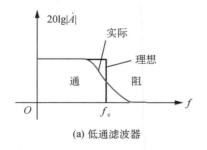

(a) 低通滤波器

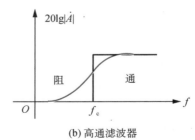

(b) 高通滤波器

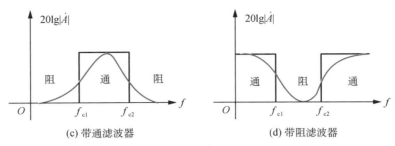

图 2-5-1　各种滤波器的幅频特性

2. 滤波器的主要技术指标

(1) 通带增益 A_{uo}

通带增益是指滤波器在通频带内的电压放大倍数。性能良好的滤波器通带内的幅频特性曲线是平坦的,阻带内的电压放大倍数基本为零。

(2) 截止频率 f_c

与放大电路的截止频率相同,将增益等于 $0.707A_{uo}$ 时所对应的频率称为滤波器的截止频率。通带与阻带之间称为过渡带,过渡带越窄,说明滤波器的选择性越好,如图 2-5-2 所示。

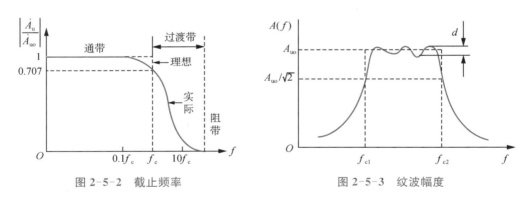

图 2-5-2　截止频率　　　　　　　　图 2-5-3　纹波幅度

(3) 纹波幅度 d

在通带范围内,实际滤波器的幅频特性可能呈波纹变化,其波动幅度 d 的大小被称为纹波幅度,如图 2-5-3 所示。

(4) 过渡带衰减特性

在截止频率外侧,实际滤波器有一个过渡带,这个过渡带的幅频曲线倾斜程度表明了幅频特性衰减的快慢,表征了滤波器对带外频率成分的衰减能力。通常可以用每十倍频程输出信号幅值的衰减量来表征。例如一阶滤波器的衰减特性约为 20 dB/十倍频程(也可以表示为 20 dB/10 oct),二阶滤波器的衰减特性约为 40 dB/十倍频程。测量时,只要测量出上限截止频率 f_{c2} 与 $10f_{c2}$(或者在下限截止频率 f_{c1} 与 $f_{c1}/10$)之间幅值的比值,即频率变化十倍频时的衰减量：

$$-20\lg\frac{A(10f_{c2})}{A(f_{c2})} \tag{2.5.1}$$

或

$$-20\lg\frac{A(f_{c1}/10)}{A(f_{c1})} \tag{2.5.2}$$

显然，衰减越快，滤波器的选择性越好。

（5）带宽 BW 和品质因数 Q 值

上、下限截止频率之间的频率范围称为滤波器带宽，或 -3 dB 带宽，单位为 Hz。Q 也称为滤波器的等效品质因数，Q 值的大小，直接影响着滤波器性能的好坏。

3. 二阶有源低通滤波器

图 2-5-4 所示电路为一种常用的二阶有源低通滤波电路。由于 C_1 接到了运放的输出端，形成了正反馈，使电压放大倍数在一定程度上受到输出电压的控制，而运放的输出电阻很小，近似为恒压源，所以也称其为二阶压控有源低通滤波器。当 $C_1=C_2=C$ 时，称 $f_0=\dfrac{1}{2\pi RC}$ 为电路的特征频率。

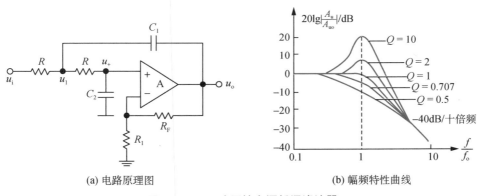

(a) 电路原理图　　　　　　(b) 幅频特性曲线

图 2-5-4　二阶压控有源低通滤波器

利用运放"虚短"和"虚断"特性分析可以得到：

$$\dot{A}_{uo}=\frac{\dot{U}_o}{\dot{U}_i}=1+\frac{R_F}{R_1} \tag{2.5.3}$$

$$\begin{cases}\dfrac{\dot{U}_i-\dot{U}_1}{R}+\dfrac{\dot{U}_+-\dot{U}_1}{R}=\mathrm{j}\omega C(\dot{U}_1-\dot{U}_o)\\[3mm]\dfrac{\dot{U}_1-\dot{U}_+}{R}=\mathrm{j}\omega C\dot{U}_+\end{cases} \tag{2.5.4}$$

电路的传递函数为：

$$\dot{A}_{u} = \frac{\dot{U}_{o}}{\dot{U}_{i}} = \frac{\dot{A}_{uo}}{1 - \left(\dfrac{f}{f_{0}}\right)^{2} + \mathrm{j}\,\dfrac{1}{Q}\,\dfrac{f}{f_{0}}} \tag{2.5.5}$$

其中: $f_{0} = \dfrac{1}{2\pi RC}$, $Q = \dfrac{1}{3 - A_{uo}}$

当 $f = f_{0}$ 时, 对应的放大倍数为:

$$\left| \dot{A}_{u} \right|_{f = f_{0}} = \left| Q \dot{A}_{uo} \right| \tag{2.5.6}$$

式(2.5.6)表明: Q 值是 $f = f_{0}$ 时电压放大倍数的数值与通带电压放大倍数之比, 也称为等效品质因数。当 Q 取值不同时, $\left| \dot{A}_{u} \right|_{f = f_{0}}$ 将随之变化。图 2-5-4(b)给出了 Q 值不同时, 滤波电路的对数幅频特性, 当 Q 值选取合适时, 曲线从 f_{0} 开始就按 $-40\ \mathrm{dB}$/十倍频程的速率下降。

由 Q 的表达式可以看出, 当 $\dot{A}_{uo}$ 的取值不合适时, 如 $\dot{A}_{uo} = 3$, Q 将趋于无穷大, 表明电路将产生自激振荡, 不能正常工作。为了避免发生此种情况, 应选择合适的元器件参数。一般情况下, 为使 $\left| \dot{A}_{u} \right|_{f = f_{0}} \geqslant \dot{A}_{uo}$ 同时保证电路稳定, 应选择 $2 \leqslant \left| \dot{A}_{uo} \right| < 3$, 即 $R_{1} \leqslant R_{F} < 2R_{1}$。

4. 二阶有源高通滤波器

高通滤波器和低通滤波器具有对偶关系, 将图 2-5-4(a)所示电路中的 R、C 元件位置对调, 就构成了二阶压控有源高通滤波器电路, 如图 2-5-5(a)所示。

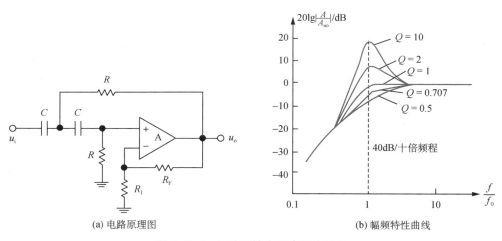

(a) 电路原理图   (b) 幅频特性曲线

图 2-5-5　二阶压控有源高通滤波器

利用与低通滤波器同样的分析方法, 可得图 2-5-5(a)所示电路的特性为:

$$\dot{A}_{uo} = \frac{\dot{U}_{o}}{\dot{U}_{i}} = 1 + \frac{R_{F}}{R_{1}} \tag{2.5.7}$$

$$\dot{A}_{\mathrm{u}}=\frac{\dot{U}_{\mathrm{o}}}{\dot{U}_{\mathrm{i}}}=\frac{\left(\mathrm{j}\dfrac{f}{f_0}\right)^2}{1-\left(\dfrac{f}{f_0}\right)^2-\mathrm{j}\dfrac{1}{Q}\dfrac{f}{f_0}}\dot{A}_{\mathrm{uo}} \tag{2.5.8}$$

$$f_0=\frac{1}{2\pi RC},Q=\frac{1}{3-A_{\mathrm{uo}}}$$

$\dot{A}_{\mathrm{uo}}$、f_0 和 Q 分别为二阶压控有源高通滤波器的通带电压放大倍数、特征频率和等效品质因数,其对数幅频特性如图 2-5-5(b)所示。

5. 有源带通滤波器

如果将低通滤波器和高通滤波器串联,并使低通滤波器的通带截止频率 $f_{\mathrm{c}2}$ 大于高通滤波器的通带截止频率 $f_{\mathrm{c}1}$,则频率在 $f_{\mathrm{c}1}<f<f_{\mathrm{c}2}$ 范围内的信号能通过,其余频率的信号被衰减,构成了带通滤波器,如图 2-5-6(a)所示,其对数的幅频特性如图 2-5-6(b)所示。

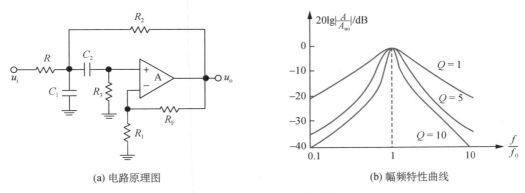

(a) 电路原理图　　　　　　　　　　(b) 幅频特性曲线

图 2-5-6　有源带通滤波器

通常选取 $C_1=C_2=C,R_2=R,R_3=2R$。根据前面的分析方法可得该同相比例运算放大电路的比例系数为:

$$\dot{A}_{\mathrm{uf}}=1+\frac{R_{\mathrm{F}}}{R_1} \tag{2.5.9}$$

带通滤波器的电压放大倍数为:

$$\dot{A}_{\mathrm{u}}=\frac{\dot{A}_{\mathrm{uf}}}{3-\dot{A}_{\mathrm{uf}}}\cdot\frac{1}{1+\mathrm{j}\dfrac{1}{3-\dot{A}_{\mathrm{uf}}}\left(\dfrac{f}{f_0}-\dfrac{f_0}{f}\right)}=\frac{\dot{A}_{\mathrm{uo}}}{1+\mathrm{j}Q\left(\dfrac{f}{f_0}-\dfrac{f_0}{f}\right)} \tag{2.5.10}$$

式(2.5.10)中,f_0 为带通滤波电路的中心频率,Q 为等效品质因数,$\dot{A}_{\mathrm{uo}}$ 为通带电压放大倍数,它们分别为:

$$f_0=\frac{1}{2\pi RC},\qquad Q=\frac{1}{3-A_{\mathrm{uf}}},\qquad \dot{A}_{\mathrm{uo}}=\frac{\dot{A}_{\mathrm{uf}}}{3-\dot{A}_{\mathrm{uf}}}=Q\dot{A}_{\mathrm{uf}}$$

由式(2.5.10)可知,当 $f=f_0$ 时,电压放大倍数达到最大值;而当频率 f 偏离 f_0(减小或增大时),电压放大倍数都降低。当 $f \to 0$ 或 $f \to \infty$ 时,电压放大倍数均趋于零,可见该电路具有"带通"的特性。

根据截止频率的定义,下限频率 f_{c1} 和上限频率 f_{c2} 是使增益下降 3 dB 所对应的频率,即满足 $|\dot{A}_u| = \left| \dfrac{\dot{A}_{uo}}{\sqrt{2}} \right|$ 时对应的频率值,它们之间的差即为带通滤波器的通频带,或叫频带宽度,通过推算可以得到:

$$BW = f_{c2} - f_{c1} = f_0/Q \tag{2.5.11}$$

式(2.5.11)表明:Q 值越大,通带宽度越窄,选择性也越好。

进一步分析还可以得到:

$$BW = (3 - A_{uf})f_0 = \left(2 - \frac{R_F}{R_1}\right)f_0 \tag{2.5.12}$$

式(2.5.12)表明,改变电阻 R_F 或 R_1 的阻值可以调节通带宽度,但中心频率 f_0 不受影响。

6. 有源带阻滤波器

与带通滤波器设计原理类似,可以将低通滤波器和高通滤波器有效并联,即可以构成带阻滤波器电路,其原理图及幅频特性如图 2-5-7 所示。

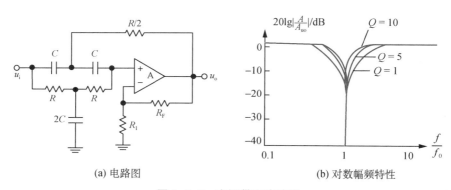

(a) 电路图　　　　　　　　(b) 对数幅频特性

图 2-5-7　有源带阻滤波器

输入信号经过一个由 RC 元件组成的"双 T 形"选频网络,然后送至同相放大器的输入端。"双 T 网络"中的一个电阻没有接地,而是接到运放的输出端引入正反馈,从而控制电路的电压放大倍数,以改善滤波器的滤波特性。

"双 T 网络"中的电阻和电容一般按图 2-5-7(a)所示规则选取,当信号频率趋于零或无穷大时,运放同相端的信号和输入信号相等,故滤波器的通带放大倍数就是同相比例放大器的放大倍数,即:

$$\dot{A}_{uo} = \frac{\dot{U}_o}{\dot{U}_i} = 1 + \frac{R_F}{R_1} \tag{2.5.13}$$

与其他几种滤波器的分析方法类似，可以求得带阻滤波器的电压放大倍数表达式为：

$$\dot{A}_u = \frac{1-\left(\dfrac{f}{f_0}\right)^2}{1-\left(\dfrac{f}{f_0}\right)^2+j2(2-\dot{A}_{uo})\dfrac{f}{f_0}}\dot{A}_{uo}$$

$$= \frac{\dot{A}_{uo}}{1+j2(2-\dot{A}_{uo})\dfrac{ff_0}{f_0^2-f^2}} \quad (2.5.14)$$

$$= \frac{\dot{A}_{uo}}{1+j\dfrac{1}{Q}\dfrac{ff_0}{f_0^2-f^2}}$$

其中，$f_0 = \dfrac{1}{2\pi RC}$ 为带阻滤波电路的中心频率，$Q = \dfrac{1}{2(2-A_{uo})}$ 为等效品质因数。

也可以算出带阻滤波器的阻带宽度为：

$$BW = f_{c2} - f_{c1} = 2(2-A_{uo})f_0 = \frac{f_0}{Q} \quad (2.5.15)$$

带阻滤波器的对数幅频特性如图 2-5-7(b) 所示。由图可知，Q 值的不同，影响了带阻滤波器的特性，Q 值越大，阻带宽度越窄，选择性越好。通过改变 R_F 和 R_1 的值可以改变 Q 值的大小。为了防止电路产生自激，一般取 $R_F < R_1$。

当带阻滤波器的选择性做得很窄时，主要就是要去掉某一个特殊的频率，这样的电路也称为点阻滤波器或陷波器。

7. 全通滤波器

全通滤波器的幅频特性是平行于频率轴的直线，从幅度上看它对频率没有选择性，但可以利用其相位频率特性，作为相位校正电路和相位偏移电路。图 2-5-8(a) 所示为一个一阶滞后型全通滤波器或移相器，其传输特性为：

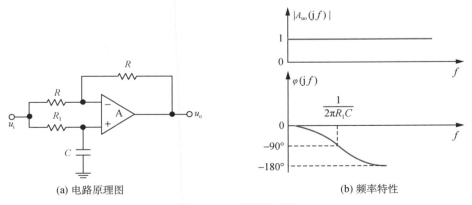

(a) 电路原理图　　　　　　　　　　(b) 频率特性

图 2-5-8　全通滤波器

所以
$$A(\mathrm{j}f)=\frac{u_\mathrm{o}}{u_\mathrm{i}}=\frac{1-\mathrm{j}2\pi fR_1C}{1+\mathrm{j}2\pi fR_1C} \qquad (2.5.16)$$

其特性可以表示为：

幅频特性：
$$|A(\mathrm{j}f)|=\left|\frac{1-\mathrm{j}2\pi fR_1C}{1+\mathrm{j}2\pi fR_1C}\right|=1 \qquad (2.5.17)$$

相频特性：
$$\varphi(\mathrm{j}f)=-2\arctan(2\pi fR_1C) \qquad (2.5.18)$$

特性曲线如图 2-5-8(b)所示,可以看出在整个频率范围内,幅度维持不变,但相位可以从 $0°\sim-180°$ 之间变化。

把电路中的 R_1 和 C 的位置互换,就可以构成超前型全通滤波器。

三、实验内容

1. 实验要求

有源滤波器
实验研究
（视频）

利用 μA741、LM324、TL084 等通用运算放大器构成二阶有源高通滤波器电路,开展电路性能指标的测量和研究。

电路如图 2-5-9 所示,输入端加上不同频率的正弦信号,仔细观察输出与输入的关系,注意观察幅度和相位,记录数据及波形。

μA741
数据手册

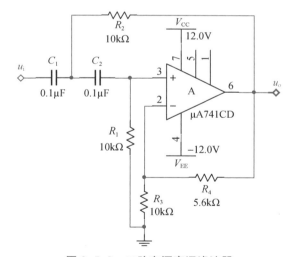

图 2-5-9　二阶有源高通滤波器

LM324
数据手册

用 μA741 运放,使用 ±12 V 电源供电,按图 2-5-9 所示电路结构和参数,由理论分析得到:

TL084
数据手册

$$\dot{A}_\mathrm{uo}=\frac{\dot{U}_\mathrm{o}}{\dot{U}_\mathrm{i}}=1+\frac{R_4}{R_3}=1+\frac{5.6}{10}=1.56(3.86\ \mathrm{dB})$$

$$f_0 = \frac{1}{2\pi R_1 C_1} = \frac{1}{2\pi \times 10 \times 10^3 \times 0.1 \times 10^{-6}} = 159 \text{ Hz}$$

$$Q = \frac{1}{3 - A_{uo}} = \frac{1}{3 - 1.56} = 0.69$$

$$A_{u(f=f_0)} = Q A_{uo} = 0.69 A_{uo}$$

2. 仿真实验

利用 Multisim 软件,通过添加元器件、连线等操作,按图 2-5-9 将电路先连接好,再加上信号源和波特仪。

(1) 二阶有源高通滤波器性能的测量

利用 Multisim 软件中的波特测试仪功能,很容易得到该电路的幅频特性曲线和相频特性曲线,分别如图 2-5-10 和图 2-5-11 所示。

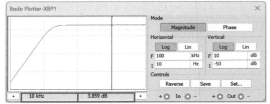 

图 2-5-10　幅频特性曲线

图 2-5-11　相频特性曲线

由图 2-5-10 可以看出,该电路具有高通特性,低频被衰减,高频信号能有效通过。可以测量出电路的下限截止频率约为 162 Hz,过渡带的衰减特性为 40 dB/十倍频程,由图 2-5-11 可知,在截止频率点的附件相位移约为 90°,这些指标和理论分析计算得到的数值基本一致。

(2) 滤波器特性的研究

利用 Multisim 仿真软件,可以很方便的研究电路元器件参数对滤波器性能指标的影响,加深对滤波器电路的理解和掌握,也可以为调试滤波器电路提供很好的参考。如可以通过改变电阻、电容等参数的取值来研究分析参数对滤波器性能指标的影响,也可以通过调整不同的 Q 值来观察其对滤波器性能的影响。

3. 电路实验

按图 2-5-9 所示接好电路,确认连接无误后打开电源开始实验,并记录数据。

（1）滤波器参数的测量

采用"逐点测量法"（见第一章），测量出滤波器对不同频率的信号得到的不同响应，将数据记录在表 2-5-1 中，画出滤波器的幅频特性，分析滤波器的特性。

表 2-5-1 滤波器特性测量表

f/Hz	$f_1=$	$f_2=$	$f_3=$	$f_c=$	$f_4=$	$f_5=$	$f_6=$
U_i/V							
U_o/V							
A_u							

稳压电源
使用说明书

信号源用户
手册

（2）参数变化对滤波性能的影响

改变原滤波器电路的参数，如调整为：$R_1=10\ k\Omega$，$R_2=10\ k\Omega$，$R_3=10\ k\Omega$，$R_4=5.6\ k\Omega$，$C_1=0.2\ \mu F$，$C_2=0.2\ \mu F$，记录测量数据于表 2-5-2 中，画出幅频特性曲线，研究参数调整后滤波器性能有什么变化，并分析原因。

表 2-5-2 调整电容数值后滤波器特性测量表

f/Hz	$f_1=$	$f_2=$	$f_3=$	$f_c=$	$f_4=$	$f_5=$	$f_6=$
U_i/V							
U_o/V							
A_u							

如果把参数调整为：$R_1=1\ k\Omega$，$R_2=1\ k\Omega$，$R_3=10\ k\Omega$，$R_4=5.6\ k\Omega$，$C_1=0.2\ \mu F$，$C_2=0.2\ \mu F$，记录测量数据于表 2-5-3 中，画出幅频特性曲线，研究参数调整后滤波器性能有什么变化，并分析原因。

表 2-5-3 调整电阻数值后滤波器特性测量表

f/Hz	$f_1=$	$f_2=$	$f_3=$	$f_c=$	$f_4=$	$f_5=$	$f_6=$
U_i/V							
U_o/V							
A_u							

数字示波器
使用说明书

扫频仪使用
介绍

（3）Q 值改变对滤波性能的影响

由理论分析可知，滤波器 Q 值的改变，也将影响到滤波器的性能指标，如果把参数调整为：$R_1=10\ k\Omega$，$R_2=10\ k\Omega$，$R_3=10\ k\Omega$，$R_4=10\ k\Omega$，$C_1=0.1\ \mu F$，$C_2=0.1\ \mu F$，

EPI-EWB204
使用说明书

则：$A_{uo}=\dfrac{U_o}{U_i}=1+\dfrac{R_4}{R_3}=1+\dfrac{10}{10}=2(6\ dB)$

$$f_0=\frac{1}{2\pi R_1 C_1}=\frac{1}{2\pi\times10\times10^3\times0.1\times10^{-6}}=159\ Hz$$

$$Q = \frac{1}{3 - A_{uo}} = \frac{1}{3 - 2} = 1$$

$$A_{u(f=f_0)} = QA_{uo} = A_{uo}$$

利用"逐点测量法"测量滤波器的特性,记录数据于表 2-5-5 中,画出幅频特性曲线,与参数改变前的特性对比,分析研究滤波器的特性。

表 2-5-4　Q 值改变对滤波器性能的影响

f/Hz	$f_1=$	$f_2=$	$f_3=$	$f_c=$	$f_4=$	$f_5=$	$f_6=$
U_i/V							
U_o/V							
A_u							

4. 常见故障及可能的原因

(1)现象:滤波器的截止频率与设计值偏差很大。

可能原因:电阻 R_1、R_2,或电容 C_1、C_2 取值有误。

(2)现象:滤波器通带内增益偏大,且在截止频率附近增益有提升。

可能原因:电阻 R_4、R_3 的取值有误,导致 R_4 与 R_3 的比值偏大。

(3)现象:测量出高通滤波器的特性类似于带通滤波,也有上限截止频率。

可能原因:所选用运放的增益带宽积影响了上限截止频率。

(4)现象:低频端的衰减特性与设计的偏差很大。

可能原因:因电阻 R_2 没有接好而断开。

(5)现象:滤波器通带内增益近似为 1。

可能原因:电阻 R_3 取值过大,或因没有接好而开路。

四、选做实验

1. 实验内容

设计一个有源低通滤波器,要求其截止频率为 1.6 kHz,品质因数 $Q = 0.7$,带外衰减不小于 30 dB/十倍频程。

2. 实验要求

(1)完成有源低通滤波的设计及仿真;

(2)测量并画出滤波器的幅频特性;

(3)分析理论设计和实际测量之间的误差;

(4)研究如何调整电路的上限截止频率;

(5)其他参数指标的测量,如测量研究滤波器的相频特性等。

filterpro
软件使用介绍

五、设计指导

1. 滤波电路中电阻、电容的选择

（1）滤波器设计时，一般可以先选择合适的电容参数，然后再确定电阻值。

（2）电阻、电容的设计值尽可能接近标称值，可选用几个适当的电阻电容串、并联方式，满足设计参数要求；实际搭试电路时尽可能采用精度较高的电阻，如金属膜电阻及误差小于10％的电容。

（3）影响滤波器性能的主要因素是电阻、电容等元件参数的精度和稳定性以及运放的性能，在测试过程中，若指标偏差较大，则应调整修改相应的元件值。

2. 多路反馈型(MFB)有源滤波器设计

（1）二阶 MFB 低通滤波器电路如图 2-5-12 所示。

其传递函数表达式为：$\dot{A}(j\omega) = \dot{A}_{uo}\dfrac{1}{1 + \dfrac{1}{Q}j\dfrac{\omega}{\omega_0} + \left(j\dfrac{\omega}{\omega_0}\right)^2}$

特征频率为：$f_0 = \dfrac{1}{2\pi\sqrt{R_2 R_3 C_1 C_2}}$

Q 值为：$Q = \dfrac{\sqrt{R_2 R_3 C_1 C_2}}{C_1\left[R_2 + R_3(1 - A_{uo})\right]}$

通带增益为：$\dot{A}_{uo} = -\dfrac{R_2}{R_1}$

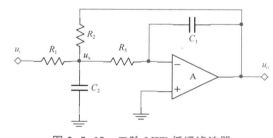

图 2-5-12　二阶 MFB 低通滤波器

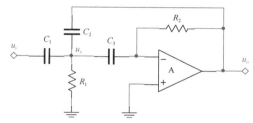

图 2-5-13　二阶 MFB 高通滤波器

（2）二阶 MFB 高通滤波器电路如图 2-5-13 所示。

其传递函数表达式为：$\dot{A}(j\omega) = \dot{A}_{uo}\dfrac{(j\omega)^2}{1 + \dfrac{1}{Q}j\omega + (j\omega)^2}$

特征频率为：$f_0 = \dfrac{1}{2\pi\sqrt{R_1 R_2 C_2 C_3}}$

Q 值为：$Q = \dfrac{1}{\omega_0 R_1(C_1 + C_2 + C_3)} = \dfrac{\sqrt{R_1 R_2 C_1 C_2}}{R_1(C_1 + C_2 + C_3)}$

通带增益为：$\dot{A}_{uo} = -\dfrac{C_1}{C_2}$

（3）二阶 MFB 带通滤波器电路如图 2-5-14 所示。

其传递函数表达式为：$\dot{A}(j\omega) = \dot{A}_{uo} \times \dfrac{\dfrac{1}{Q}j\omega}{1 + \dfrac{1}{Q}j\omega + (j\omega)^2}$

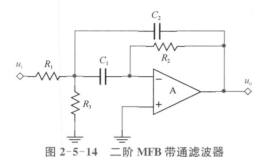

图 2-5-14 二阶 MFB 带通滤波器

当满足 $C_1 = C_2 = C$ 时，

中心频率为：$f_0 = \dfrac{1}{2\pi\sqrt{(R_1 /\!/ R_3)R_2 C_1 C_2}} = \dfrac{1}{2\pi C\sqrt{(R_1 /\!/ R_3)R_2}}$

通带增益为：$\dot{A}_{uo} = -\dfrac{R_2}{R_1} \times \dfrac{C_1}{C_1 + C_2} = -\dfrac{R_2}{2R_1}$

Q 值为：$Q = \dfrac{\sqrt{\dfrac{R_2 C_1 C_2}{R_1 /\!/ R_2}}}{C_1 + C_2} = 0.5\sqrt{\dfrac{R_2}{R_1 /\!/ R_3}}$

（4）二阶 MFB 带阻滤波器电路如图 2-5-15 所示。

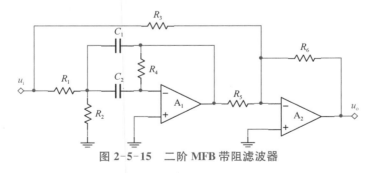

图 2-5-15 二阶 MFB 带阻滤波器

当电阻值满足关系：$R_3 R_4 = 2R_1 R_6$ 时，

中心频率为：$f_0 = \dfrac{1}{2\pi C}\sqrt{\dfrac{1}{R_4}\left(\dfrac{1}{R_1} + \dfrac{1}{R_2}\right)}$

通带增益为：$\dot{A}_{uo} = -\dfrac{R_6}{R_3}$

比较器电路
实验研究
(PPT)

2.6 比较器电路实验研究

一、实验目的

(1) 熟悉比较器的电路结构与工作原理;

(2) 掌握比较器的电路设计方法;

(3) 掌握比较器的电路特性及测量方法;

(4) 理解不同比较器的应用场合。

二、实验原理

1. 基本概念

电压比较器是将输入电压与参考电压相比较,以鉴别其大小的电路。由于理想运放具有开环增益无穷大的特性,只要 $u_+ \neq u_-$,其输出只有两个值,即 $u_o = +U_{OM}$ 或 $u_o = -U_{OM}$。比较器输出的高电平或低电平,也可以对应数字电路里的高低两种状态,因此电压比较器可看作是将模拟信号转换为数字信号的一种"接口"电路,作为一位的模/数转换器。比较器一般可以分为简单比较器、窗口比较器、施密特比较器等几种形式。

2. 简单比较器

简单比较器,也叫单门限电压比较器,分同相输入与反相输入两种。同相简单比较器的电路结构与传输特性曲线如图 2-6-1 所示。

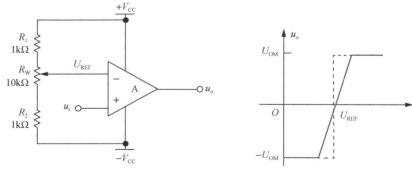

(a) 同相输入单门限比较器   (b) 同相输入单门限比较器传输特性曲线

图 2-6-1　同相简单比较器

图 2-6-1(a)中运放的反相端接 U_{REF} 作为比较器的参考电压,将运放当作理想器件时,

如果 $u_i<U_{REF}$，则 $u_+<u_-$，所以运放的输出电压 $u_o=-U_{OM}$；如果 $u_i>U_{REF}$，即 $u_+>u_-$，输出 $u_o=+U_{OM}$。其电压传输特性如图 2-6-1(b)所示。该电路完成了输入信号 u_i 与参考电压 U_{REF} 的大小比较，运放输出的高低电平反映了输入信号比参考电压大或小的结果。图 2-6-1(b)中的虚线特性为理想特性曲线，由于运放不可能具有理想特性，所以实际的特性曲线如图中的红线所示。

反相简单比较器电路结构与传输特性曲线如图 2-6-2 所示，其工作原理和同相比较器类似，输出端采用稳压二极管电路形式，可以使输出电压稳定在稳压管稳定电压加一个二极管的正向导通电压，即 $u_o=\pm(U_Z+U_D)$。（详细见设计指导）

例如，稳压二极管选用 1N4733A，其稳定电压为 5.1 V，两个稳压二极管对接后输出的电压约为 ±5.6 V。

1N4728-4764
数据手册

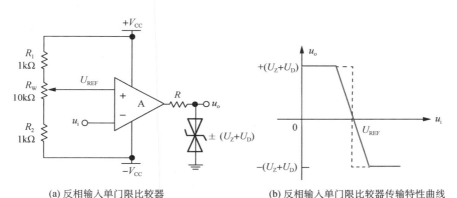

(a) 反相输入单门限比较器　　　　　　(b) 反相输入单门限比较器传输特性曲线

图 2-6-2　反相简单比较器

当简单比较器的参考电压端接地，即 $U_{REF}=0$ 时，也称其为过零比较器。

3. 窗口比较器

窗口比较器的电路结构及传输特性曲线如图 2-6-3 所示。

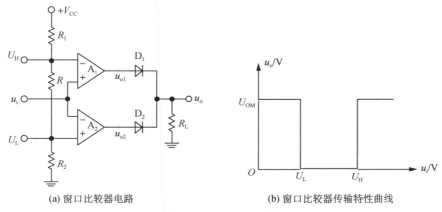

(a) 窗口比较器电路　　　　　　　(b) 窗口比较器传输特性曲线

图 2-6-3　窗口比较器

（1）当 $u_i < U_L$ 时，$u_{2+} > u_{2-}$，A_2 输出为高电平，即 $u_{o2} = +U_{OM}$，对应的二极管 D_2 处于正向偏置，而 $u_{1+} < u_{1-}$，A_1 输出为低电平，即 $u_{o1} = -U_{OM}$，对应的二极管 D_1 处于反向偏置，所以二极管 D_1 截止，D_2 导通，输出为高电平，如果忽略二极管 D_2 的导通压降，则 $u_o = +U_{OM}$；

（2）当 $u_i > U_H$ 时，$u_{1+} > u_{1-}$，$u_{2+} < u_{2-}$，与上述分析类似，导致 $u_{o1} = +U_{OM}$，$u_{o2} = -U_{OM}$，二极管 D_1 导通，D_2 截止，输出 $u_o = +U_{OM}$；

（3）当 $U_L < u_i < U_H$ 时，$u_{1+} < u_{1-}$，$u_{2+} < u_{2-}$，所以输出均为低电压，即 $u_{o1} = -U_{OM}$，$u_{o2} = -U_{OM}$，两个二极管 D_1、D_2 都截止，电阻 R_L 上没有电流流过，所以 $u_o = 0$。

该窗口比较器的传输特性如图 2-6-3(b)所示。

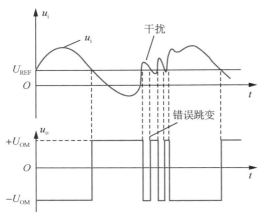

图 2-6-4　噪声干扰引起错误跳变

4. 施密特比较器

简单比较器与窗口比较器存在两个问题：一是输出电压转换时间受比较器翻转速度（压摆率 S_R）的限制，导致高频脉冲的边缘不够陡峭；二是抗干扰能力差，如果 u_i 在参考电压 U_{REF} 附近有噪声或干扰，则输出波形将产生错误的跳变，直至 u_i 远离 U_{REF} 值才能稳定下来，如图 2-6-4 所示。如果对受干扰的 u_o 波形去计数，必将产生重大错误，施密特比较器就可以有效的解决这两个问题。

施密特比较器有同相与反相两种基本电路结构。

（1）反相施密特比较器

反相施密特比较器电路如图 2-6-5(a)所示，与一般比较器的最大区别是在比较器的输出端到同相输入端之间连接了一个电阻 R_2，引入了正反馈，把输出电压引到输入端一起参与比较，对输出 u_o 的跳变起加速作用，并使比较器具有迟滞特性。

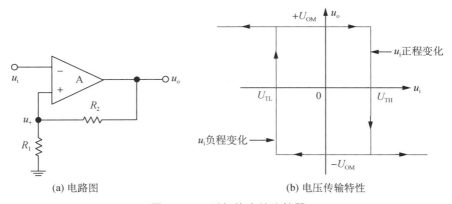

(a) 电路图　　　　　　　　　　(b) 电压传输特性

图 2-6-5　反相施密特比较器

如图 2-6-5(a)所示,由于运放 A 工作在非线性区,运放的输出只有两种电压值,即 $u_o=+U_{OM}$,或 $u_o=-U_{OM}$,对应的同相端电压值分别为:

$$\begin{cases} U_{TH}=+\dfrac{R_1}{R_1+R_2}U_{OM},当\ u_o=+U_{OM}\ 时 \\[3mm] U_{TL}=-\dfrac{R_1}{R_1+R_2}U_{OM},当\ u_o=-U_{OM}\ 时 \end{cases} \tag{2.6.1}$$

施密特比较器的工作原理为:

假设接通电源时输入 $u_i=0$,输出 $u_o=+U_{OM}$(假设 $u_o=-U_{OM}$,可自行分析),$u_+=U_{TH}$,由于 $u_i<U_{TH}$,所以输出稳定在高电平状态,即 $u_o=+U_{OM}$。

当 u_i 逐渐加大到 $u_i=U_{TH}$ 时,只要 u_i 稍有增加,则 $u_->u_+$,将使比较器的输出由 $+U_{OM}$ 跳变到 $-U_{OM}$,同时也使比较器的同相端电压由 U_{TH} 跳变到 U_{TL},显然此时 $u_i>U_{TL}$,使输出稳定在低电平状态,$u_o=-U_{OM}$。

输入信号 u_i 由大变小时,当 $u_i=U_{TL}$ 时,只要 u_i 稍有减小,则 $u_-<u_+$,将使输出电压由 $-U_{OM}$ 跳变到 $+U_{OM}$,同相端也由 U_{TL} 跳变为 U_{TH},由于 $u_i<U_{TH}$,保证了输出的高电平,$u_o=+U_{OM}$。

综上所述,施密特比较器的传输特性如图 2-6-5(b)所示,由于它像磁性材料的迟滞回线,因此也称其为迟滞比较器或迟回比较器,U_{TH}、U_{TL} 分别称为上、下门限电压(也称阈值电平),把 U_{TH} 和 U_{TL} 之差称为回差电压,简称回差 ΔU_T,这也是施密特比较器和一般比较器的最大区别。

$$\Delta U_T=U_{TH}-U_{TL}=\frac{2R_1}{R_1+R_2}U_{OM} \tag{2.6.2}$$

定义上下限阈值电压的中点为中心电压:

$$U_{CTR}=\frac{U_{TH}+U_{TL}}{2}=0 \tag{2.6.3}$$

如图 2-6-5(a)所示,该反相施密特比较器是以原点为中心,阈值电压正负对称。

由于回差的存在,提高了比较器的抗干扰能力。由图 2-6-5(b)所示的电压传输特性可知,使电路输出状态发生跳变的输入电压不在同一个电平上,当输入信号 u_i 上叠加有干扰信号时,只要该干扰信号的幅值不大于比较器的回差 ΔU_T,则该干扰的存在就不会导致比较器输出状态的错误翻转。当然,回差 ΔU_T 的存在会使比较器的鉴别灵敏度降低,输入信号的峰峰值必须大于回差,否则输出将不会发生翻转。

(2) 同相施密特比较器

同相施密特比较器电路及电压传输特性曲线如图 2-6-6 所示。

与反相施密特比较器的分析类似,可以得到其上下限阈值电压为:

$$\begin{cases} U_{TH}=\dfrac{R_1}{R_2}U_{OM},当\ u_o=+U_{OM}\ 时 \\[3mm] U_{TL}=-\dfrac{R_1}{R_2}U_{OM},当\ u_o=-U_{OM}\ 时 \end{cases} \tag{2.6.4}$$

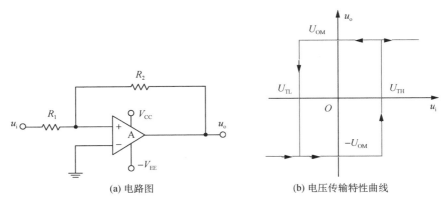

(a) 电路图 (b) 电压传输特性曲线

图 2-6-6　同相施密特比较器

回差：
$$\Delta U_T = U_{TH} - U_{TL} = \frac{2R_1}{R_2} U_{OM} \tag{2.6.5}$$

中心电压：
$$U_{CTR} = \frac{U_{TH} + U_{TL}}{2} = 0 \tag{2.6.6}$$

（3）中心电压可调的施密特比较器

图 2-6-7（a）所示为中心电压可调的施密特比较器电路，其电压传输特性曲线如图 2-6-7（b）所示。

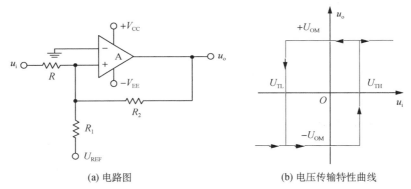

(a) 电路图 (b) 电压传输特性曲线

图 2-6-7　中心电压可调的施密特比较器

用类似的方法可以分析得到其上下限阈值电压分别为：

$$
\begin{cases}
U_{TH} = \dfrac{R + R_1 /\!/ R_2}{R_1 /\!/ R_2}\left(\dfrac{R /\!/ R_1}{R_2 + R /\!/ R_1} U_{OM} - \dfrac{R /\!/ R_2}{R_1 + R /\!/ R_2} U_{REF}\right), \text{当 } u_o = +U_{OM} \text{ 时} \\[4mm]
U_{TL} = \dfrac{R + R_1 /\!/ R_2}{R_1 /\!/ R_2}\left[\dfrac{R /\!/ R_1}{R_2 + R /\!/ R_1} (-U_{OM}) - \dfrac{R /\!/ R_2}{R_1 + R /\!/ R_2} U_{REF}\right), \text{当 } u_o = -U_{OM} \text{ 时}
\end{cases} \tag{2.6.7}
$$

回差为：
$$\Delta U_T = U_{TH} - U_{TL} = 2 \times \frac{R + R_1 /\!/ R_2}{R_1 /\!/ R_2} \frac{R /\!/ R_1}{R_2 + R /\!/ R_1} U_{OM} \tag{2.6.8}$$

中心电压为：

$$U_{CTR} = \frac{U_{TH} + U_{TL}}{2} = -\frac{R + R_1 /\!/ R_2}{R_1 /\!/ R_2} \frac{R /\!/ R_2}{R_1 + R /\!/ R_2} U_{REF} \tag{2.6.9}$$

5. 比较器的应用

（1）波形的变换

利用比较器可以完成波形之间的变换，如图 2-6-8 所示，可以把正弦波转换成方波，或由三角波变成方波等。

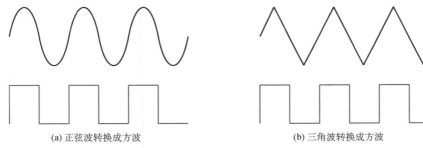

(a) 正弦波转换成方波　　　　　　　　　(b) 三角波转换成方波

图 2-6-8　波形的变换

（2）产生 PWM 波

利用反相简单比较器电路，如图 2-6-9(a)所示，如果输入信号 u_i 为一个三角波，参考电压 U_{REF} 为一个缓慢变化的信号 u_r，由比较器的工作原理可知，当 $u_i > u_r$ 时输出为低电平，而当 $u_i < u_r$ 时输出为高电平，所以输入的三角波变成了矩形波，且随着 u_r 的变化，输出矩形波高电平占整个周期的比值（也称为占空比）也发生了变化，即通过改变参考电压，输出的矩形波占空比可变。这个过程也叫做脉冲宽带调制 PWM（Pulse Width Modulation），在电机调速、自动控制、开关电源等很多场合都有应用。

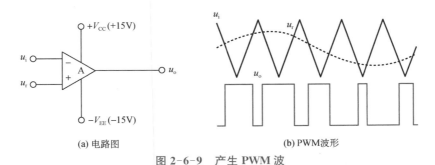

(a) 电路图　　　　　　　　　　　(b) PWM波形

图 2-6-9　产生 PWM 波

（3）整形——去干扰

利用施密特比较器可以很好地对输入信号波形进行去干扰处理，只要上下限阈值电压设置合理就可以得到有效的输出信号，如图 2-6-10 所示。

（4）信号的鉴别

利用施密特比较器具有两个翻转点的特性，可以设计脉冲信号幅度鉴别电路，功能示意如图 2-6-11 所示,信号幅度超过 U_{T+} 的脉冲才会有对应的输出。

6. 说明

LM311
数据手册

普通运放作为比较器应用时,仅适合于对输出翻转速度要求不太高的场合,对速度有较高要求的应用场合如 A/D 变换、数字通信的接收器等,则需要采用专用的集成比较器,如 LM311、LM339、MAX901 等。

LM339
数据手册

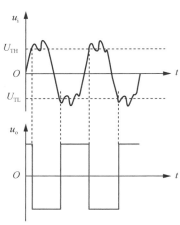

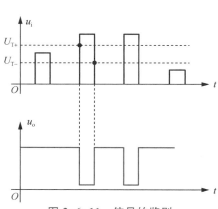

MAX901
数据手册

图 2-6-10　波形整形(去干扰)　　　图 2-6-11　信号的鉴别

普通运放或专用比较器的放大倍数都不可能是无穷大,在 $u_+ = u_-$ 附近的一个很小的范围内存在着一个比较器的不灵敏区,如图 2-6-1(b)和图 2-6-2(b)的红线所示,在该范围内的输出状态既非 $+U_{OM}$,也非 $-U_{OM}$,故无法对输入信号的大小进行判别。显然,放大倍数越大,实线越陡峭,这个不灵敏区域就越小,也称为比较器的鉴别灵敏度越高。

衡量比较器性能的另一个指标是转换速度,即比较器的输出状态发生翻转所需的时间。通常要求转换时间尽可能短,以便实现高速比较。比较器的转换速度与所用器件的压摆率 S_R 有关,S_R 越大,输出状态的翻转时间越短,转换速度也越快。

比较器电路
实验研究
(视频)

三、实验内容

1. 实验要求

利用 μA741、LM324、TL084 等通用运算放大器构成简单比较器,开展波形变化测量、传输特性测量以及电路性能的研究。

1N4728-4764
数据手册

电路结构及参数如图 2-6-12 所示,运放采用 μA741,二个稳压二极管 1N4733A(或 1N4734A),其稳定电压为 5.1 V(5.6 V),两个稳压二极管对接后输出电压约为 ±5.6 V,运放工作电压为 ±12 V。通过调整电位器 R_W,可以调整不同的参考电压值。

2. 仿真实验

μA741
数据手册

利用 Multisim 软件,通过添加元器件、连线等操作,按 2-6-12 将电路先连接好。

输入端加上一个信号频率为 200 Hz,峰峰值为 4 V 的正弦波,在不同的参考电压值时

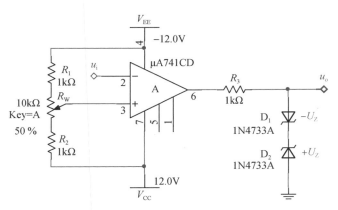

图 2-6-12　反相简单比较器实验电路

可以观察信号的输出波形与输入波形之间的关系。

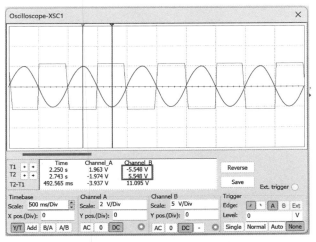

图 2-6-13　反相比较器仿真波形

如图 2-6-13 所示为电位器调整到中点时,即参考电压为 0 V 时对应的输入/输出波形,可以看出,输入为一个正弦波,输出为方波,并且在输入正弦波过零点时使输出翻转,是一个过零比较器。可以调整电位器不同的值来观察输出和输入信号之间的关系。

也可以利用仿真工具,测量该简单比较器的电压传输特性,或者通过改变信号频率来研究 μA741 构成比较器有什么影响和制约。

专用集成比较器也可以方便实现比较功能,如图 2-6-14 所示为 LM311 构成的简单比

信号源用户手册

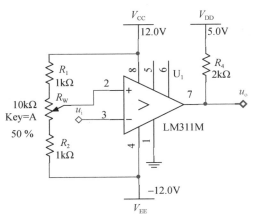

图 2-6-14　LM311 构成的比较器

较器,实现了由模拟信号到数字信号的转换。

3. 电路实验

按图 2-6-12 所示接好电路,确认连接无误后打开电源开始实验,并记录数据。

（1）波形的变换作用

LM311
数据手册

输入端加上一个信号频率为 200 Hz、峰峰值为 4 V 的正弦波,在不同的参考电压值时观察信号的输出波形和输入波形之间的关系,按照表 2-6-1 的要求,记录数据及波形,画出其传输特性,分析数据及波形。

表 2-6-1　波形变换实验波形数据记录

稳压电源
使用说
明书

参考电压/V	$U_{REF}=0$	$U_{REF}=-1$	$U_{REF}=1$
输入/输出信号波形			
高电平时间/ms			
低电平时间/ms			
电压传输特性			

（2）比较器特性研究

数字示波器
使用说明书

将输入端信号改为频率为 2 kHz、峰峰值为 4 V 的正弦波,在不同的参考电压值时观察信号的输出波形和输入波形之间的关系,完成表 2-6-2 的波形及数据记录,将实验结果与输入信号频率为 200 Hz 时的测试结果作比较,分析研究比较器的特性。

表 2-6-2　比较器特性研究

参考电压/V	$U_{REF}=0$	$U_{REF}=-1$	$U_{REF}=1$
输入/输出信号波形			
高电平时间/ms			
低电平时间/ms			

4. 常见故障及可能的原因

（1）现象：输出与输入波形的相位关系与设计的相反。

可能原因：运放的同相反相端接反了。

（2）现象：输出波形的边沿看上去不够陡峭。

可能原因：输入信号的频率偏高。

（3）现象：输出波形的幅度不是设计值。

可能原因：稳压管型号选择有误。

（4）现象：输出波形的低电平只有 1 V（或 −1 V）左右。

可能原因：有一个稳压二极管接反了。

（5）现象：输出波形的电压幅度偏高。

可能原因：稳压二极管支路断开了，或限流电阻取值偏大，稳压二极管没有工作。

四、选做实验

1. 实验内容

设计一个施密特比较器，要求具有图 2-6-15 所示的电压传输特性。

可以选用通用运放 μA741、LM324、TL084 等开展实验，也可以选用性能相对好些的通用比较器，如 LM311、LM339 等。

2. 实验要求

（1）完成电路的设计及仿真；

（2）用不同频率的正弦波输入，观察并分析输出波形；

（3）测量电路的电压传输特性，记录相关参数；

（4）如何调整回差和中心电压？

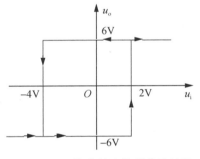

图 2-6-15　施密特比较器传输特性

五、设计指导

比较器输出用稳压二极管电路形式分析：

一般而言，比较器的输出电压表示为 $\pm U_{OM}$，其数值理论上可以近似为 $\pm V_{CC}$，但实际值会比电源电压小。对不同的器件会有不一样的参数，需要查看对应的器件手册。为了保证输出电压不受器件及电源电压的影响，在比较器输出端会采用两个稳压二极管串联的方式，如图 2-6-2(a)、2-6-12 所示。

由二极管伏安特性可知，如果二极管工作在反向击穿区，其特性曲线非常陡直，即反向电流可以有较大的变化,其两端的反向电压变化量却很小,此时二极管有"稳压"作用,构成了稳压二极管,简称稳压管。所以稳压管实质就是一个工作在反向击穿区的二极管,其特性曲线如图 2-6-16 所示。

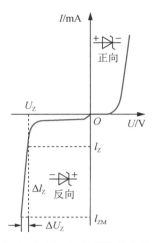

图 2-6-16　二极管特性曲线

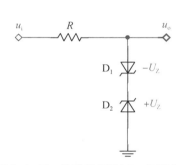

图 2-6-17　输出端用稳压二极管串联

　　比较器输出端采用两个稳压二极管反向对接,如图 2-6-17 所示,当合理选择限流电阻 R 时,不管输入是 $+U_{OM}$ 或者是 $-U_{OM}$,两个稳压二极管始终是一个工作在正向导通,另外一个工作在反向稳压,二极管导通压降为 U_D,稳压管稳定电压为 U_Z,所以输出电压稳定在 $\pm(U_Z+U_D)$,如果忽略二极管导通压降 U_D,输出可以近似为 $\pm U_Z$。

　　这样的电路设计可以使比较器的输出电压不受电源电压与运放最大输出电压的影响,只要保证稳压二极管的稳定电压比运放最大输出电压小,并合理选择限流电阻 R,使稳压二极管工作在合理的稳压区域,电路性能就可以得到保证。

2.7　波形产生电路的设计

波形产生
分解与合
成电路设计
(PPT)

一、实验目的

　　(1) 了解运放在非正弦波产生电路方面的各种应用;

　　(2) 掌握矩形波产生电路的基本结构和工作原理;

　　(3) 掌握波形产生电路的输出幅度、周期等测量方式;

　　(4) 掌握非正弦波产生电路的设计调试方法。

二、实验原理

1. 基本概念

在工程应用中,经常用到各种不同类型的信号波形,从波形特征可以分为两大类,即正弦波和非正弦波,其中非正弦波常用的有方波、矩形波、三角波、锯齿波等,如图 2-7-1 所示。

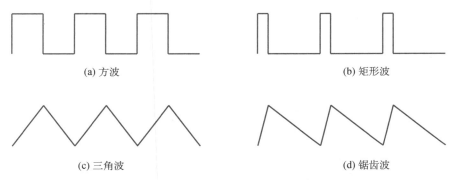

(a) 方波   (b) 矩形波

(c) 三角波   (d) 锯齿波

图 2-7-1   几种常用的非正弦波

方波:如图 2-7-1(a)所示,指波形具有高电平和低电平两个值,一般所说的方波是指波形的高、低电平为正负幅值相同的波形,否则需要说明其高、低电平的取值,或者说明有多大的直流偏移量。方波的高电平与低电平之差为信号的峰峰值,高电平时间与低电平时间之和为信号的周期。定义高电平时间与信号周期之比为"占空比",方波的占空比为 50%。

矩形波:如图 2-7-1(b)所示,矩形波与方波相比基本类似,区别是矩形波的占空比不一定等于 50%,即方波是矩形波的特例。

三角波:如图 2-7-1(c)所示,信号幅度随着时间周期线性上升与线性下降,上升与下降的斜率绝对值相同,信号的最高点到最低点之间的差值为三角波的峰峰值,一般所说的三角波信号的最高点电压和最低点电压值是正负对称的,否则需要说明最高点和最低点的电压值,或者说明有多大的直流偏移量。

锯齿波:如图 2-7-1(d)所示,锯齿波与三角波基本类似,区别是锯齿波的线性上升与线性下降的斜率绝对值不同,所以三角波是锯齿波的一个特例。

2. 方波产生电路

图 2-7-2(a)所示为运放构成的方波产生电路,其工作原理为:

当接通电源时,电容电压为零,运放工作在非线性区,其输出端电压为 $+U_Z$ 或 $-U_Z$。

假设 $u_o=+(U_Z+U_D)$,则运放同相输入端电压 u_+ 的数值为 U_{TH},

$$u_+=+U_Z\frac{R_1}{R_1+R_2}=U_{TH} \tag{2.7.1}$$

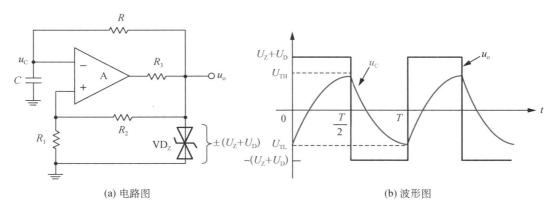

(a) 电路图　　　　　　　　　　　　　　　(b) 波形图

图 2-7-2　运放构成的方波产生电路

由于 u_o 为正电压 $+(U_Z+U_D)$，将通过电阻 R 对电容 C 进行充电，使 C 两端电压按指数规律上升。如果将运放当作理想器件，忽略其反向输入端电流，则其充电时间常数 $\tau_1=RC$。

随着电容按指数规律充电，其电压逐渐升高，当电容电压 u_C 升高到同相端参考电压 U_{TH} 时，比较器输出将发生翻转，输出 u_o 产生负跳变，使 $u_o=-(U_Z+U_D)$。而输出的跳变也导致同相输入端电压产生负跳变，即

$$u_+=-U_Z\frac{R_1}{R_1+R_2}=U_{TL} \tag{2.7.2}$$

在 u_o 跳变瞬间，由于电容 C 两端电压不能突变，u_C 将保持原有数值，且大于 U_{TL}，使输出端能稳定在 $-(U_Z+U_D)$ 上。此时，电容 C 通过 R 放电并在 $-(U_Z+U_D)$ 的作用下反向充电，u_C 按指数规律下降，时间常数 $\tau_2=\tau_1=RC$。当 u_C 下降到同相端参考电压 U_{TL} 时，比较器又一次发生翻转，回到 $u_o=+(U_Z+U_D)$ 状态，电容又在 $+(U_Z+U_D)$ 的作用下开始充电，完成一个周期的充放电过程，并在此后周而复始地重复这一过程，产生了稳定的矩形波输出。电路输出电压 u_o 与电容两端电压 u_C 的波形如图 2-7-2(b) 所示，由于电容充放电时间常数相同，故输出波形高电平与低电平时间相等，是一个方波。

利用电路的一阶 RC 充放电规律可以得到：

方波的周期为：

$$T=2RC\ln\left(1+2\frac{R_1}{R_2}\right) \tag{2.7.3}$$

波形的频率为

$$f=\frac{1}{T}=\frac{1}{2RC\ln\left(1+2\dfrac{R_1}{R_2}\right)} \tag{2.7.4}$$

3. 占空比可调的矩形波产生电路

图 2-7-3 所示为占空比可调的矩形波产生电路原理图，其工作原理如下：

(1) 当 $u_o=+(U_Z+U_D)$ 时，二极管 D_1 导通，D_2 截止，电容 C 充电，充电回路为：$u_o \rightarrow$

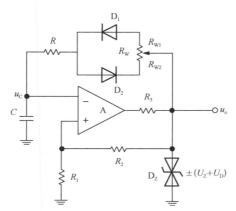

图 2-7-3　占空比可调的矩形波产生电路

$R_{W1} \rightarrow D_1 \rightarrow R \rightarrow C \rightarrow$ 地；电容 C 充电的时间常数为：$\tau_1 = (R_{W1} + R_{D1} + R)C$

（2）当 $u_o = -(U_Z + U_D)$ 时，二极管 D_2 导通，D_1 截止，电容 C 放电，放电回路为：地 $\rightarrow C \rightarrow R \rightarrow D_2 \rightarrow R_{W2} \rightarrow u_o$，电容 C 放电的时间常数为：$\tau_2 = (R_{W2} + R_{D2} + R)C$

（3）根据电容的充放电变化规律可得：

充电时间长度为：$T_1 = \tau_1 \ln\left(1 + 2\dfrac{R_1}{R_2}\right)$　　　　　　　　　　　　　（2.7.5）

放电时间长度为：$T_2 = \tau_2 \ln\left(1 + 2\dfrac{R_1}{R_2}\right)$　　　　　　　　　　　　　（2.7.6）

矩形波的周期为：$T = (T_1 + T_2) = (R_W + R_{D1} + R_{D2} + 2R)C\ln\left(1 + 2\dfrac{R_1}{R_2}\right)$　　（2.7.7）

占空比为：$D = \dfrac{T_1}{T} = \dfrac{R_{W1} + R_{D1} + R}{R_W + R_{D1} + R_{D2} + 2R}$　　　　　　　　　　（2.7.8）

由式（2.7.7）和式（2.7.8）可知，该电路的周期是一个定值，通过调整可变电阻 R_W，使 R_{W1} 的数值改变，就可以调整输出矩形波的占空比。

4. 三角波产生电路

由方波产生电路波形图 2-7-2(b) 中可以看出，电容 C 的充放电波形是按指数规律变化的，在对波形要求不高的场合，如选择较小的 u_C 幅度，则 u_C 的变化可以近似看成是一个三角波。而利用积分电路，可以把方波转换为三角波，电路如图 2-7-4 所示。它是由 A_1 构成的施密特比较器和由 A_2 构成的线性积分电路所组成的。电路利用了施密特比较器的高低电平输出给电容 C 进行恒流充电，输出形成线性变化的信号，该信号又作为施密特比较器的输入，使比较器输出在高低电平之间来回翻转，如此周而复始，产生了三角波和方波，波形如图 2-7-4(b) 所示。

其中，　　　　　　　　　　　$U_{OH} = \dfrac{R_1}{R_2}U_{OM}$　　　　　　　　　　　　（2.7.9）

$$U_{OL} = -\dfrac{R_1}{R_2}U_{OM}　　　　　　　　　　　　（2.7.10）$$

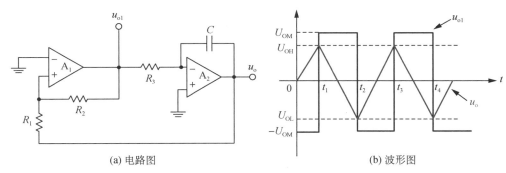

(a) 电路图　　　　　　　　　　　(b) 波形图

图 2-7-4　三角波产生电路

三角波的输出幅度为:

$$U_{OM} = U_{OH} - U_{OL} = 2U_{OM}\frac{R_1}{R_2} \qquad (2.7.11)$$

三角波的周期为:

$$T = 4t_1 = \frac{4R_1R_3C}{R_2} \qquad (2.7.12)$$

三角波的频率为:

$$f = \frac{1}{T} = \frac{R_2}{4R_1R_3C} \qquad (2.7.13)$$

由三角波产生电路的工作原理可知,如果要产生锯齿波,只需要改变积分电路的充放电时间常数,使充放电时间常数不相等。常用的方法与占空比可调矩形波产生电路设计思路类似,只要改变电阻 R_3 在充放电回路中的等效电阻就可以实现。

三、实验内容

波形产生电路的设计(视频)

1. 实验要求

以运放 $\mu A741$ 为核心构成的方波产生电路如图 2-7-5 所示,稳压管可以选择稳定电压在 4~8 V 左右的型号,如 1N4730~1N4738 等。

由实验原理分析可知,该电路输出的方波峰峰值由输出的稳压二极管 D_1、D_2 稳压值确定,可变电阻 R_W 可以改变输出方波的周期。

$\mu A741$ 数据手册

由式(2.7.3) $T = 2RC\ln\left(1 + 2\frac{R_1}{R_2}\right)$ 可知,当 $R_1 = R_2 = 10\ k\Omega$ 时,可得方波的周期为 $T = 2.2RC$,其中 R 为 R_0 与 R_W 左边部分电阻的串联,随着 R_W 的调整,输出方波的周期应该在 2.2 ms 到 24.2 ms 之间变化。

1N4728-4764 数据手册

2. 仿真实验

利用 Multisim 软件,通过添加元器件、连线等操作,把电路先连接好,选择电源电压为 $\pm 12\ V$。

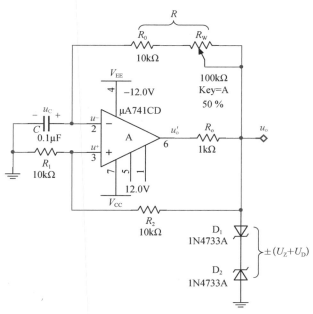

图 2-7-5　方波产生电路图

（1）观察波形并测量参数

仿真实验波形如图 2-7-6 所示,利用双通道示波器分别观察输出波形与电容 C 的充放电波形,测量输出方波的幅度、电容两端电压的变化规律以及翻转点电压值,测量输出周期与可变电阻 R_{w} 的变化规律。

注意:仿真运行开始时没有波形输出,需要等待一段时间后才能正常,尤其是周期比较大的时候。

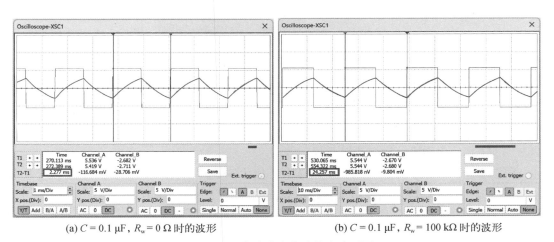

(a) $C = 0.1\ \mu\mathrm{F}$, $R_{\mathrm{w}} = 0\ \Omega$ 时的波形　　　(b) $C = 0.1\ \mu\mathrm{F}$, $R_{\mathrm{w}} = 100\ \mathrm{k}\Omega$ 时的波形

图 2-7-6　方波产生电路仿真波形图

由仿真波形图 2-7-6 可以看出,输出的方波周期随着可变电阻的变化而变化,且与理

论分析基本一致:当可变电阻为 0 Ω 时,输出波形的周期约为 2.277 ms,当可变电阻为 100 kΩ 时,输出方波的周期为 24.257 ms。输出方波的幅度由选用的稳压二极管确定,而电容充放电变化规律的翻转点也正好是输出幅度的一半,与理论分析也基本一致。

(2) 电容值的变化对波形的影响

由理论分析可知,输出方波的周期与电容的充放电时间常数成正比,实验(1)说明了改变电阻,输出波形的周期随可变电阻的变化规律,如果将电容 C 由原来的 0.1 μF 加大到 0.2 μF,输出方波的周期会发生如何变化呢? 图 2-7-7(a)(b)所示分别为 $C=0.2$ μF,可变电阻为 0 Ω 和 100 kΩ 时的输出波形,方波的周期分别为 4.480 ms 和 48.327 ms,与电容为 0.1 μF 时对应的输出方波周期满足两倍的关系。

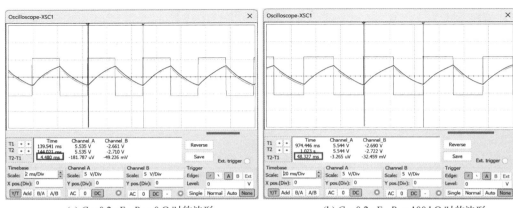

(a) $C=0.2$ μF,$R_w=0$ Ω 时的波形   (b) $C=0.2$ μF,$R_w=100$ kΩ 时的波形

图 2-7-7 改变电容后方波产生电路的仿真波形图

(3) 翻转点电压对波形的影响

通过改变电阻 R_1 或 R_2 的阻值,运行仿真软件后观察输出波形,进一步验证方波产生电路的输出波形与电路参数的关系,加深对方波产生电路的理解。

电容用 0.1 μF,可变电阻统一调整到 0 Ω,分别设置电阻在 $R_1=10$ kΩ、$R_2=5$ kΩ 以及 $R_1=5$ kΩ、$R_2=10$ kΩ 两种情况下,测量方波和电容两端的波形,如图 2-7-8 所示。

由图 2-7-8(a)可知,由于翻转点电压值升高,导致输出波形的周期也变大,测量出周期为 3.290 ms;图 2-7-8(b)表示了翻转点电压变低,方波的周期也相应变小,仿真测量周期为 1.468 ms,与理论分析对应的规律一致。

由图 2-7-8(b)也可以看出,当翻转点电压值比较低时,电容两端的充放电波形近似为线性规律,在要求不高的场合,也可以把电容两端的波形当作三角波使用。

3. 电路实验

按图 2-7-5 接好电路,确认连接无误后打开电源开始实验,记录波形和数据。

(1) 示波器测量波形及参数

利用双通道示波器,一个通道固定接输出端,另外一个通道分别测量电容电压、运

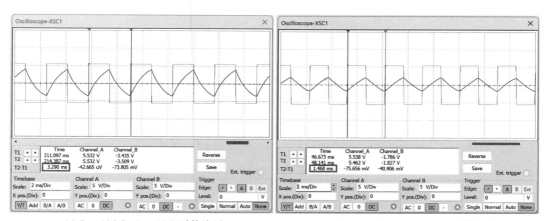

(a) $R_1 = 10$ kΩ、$R_2 = 5$ kΩ 时的波形　　　　(b) $R_1 = 5$ kΩ、$R_2 = 10$ kΩ 时的波形

图 2-7-8　不同的 R_1、R_2 对方波产生电路波形的影响

放的同相端对地电压,当可变电阻 R_W 从一端调整到另一端时,记录相应的波形和参数于表 2-7-1 中,标记出每个波形的电压、时间等相关信息,并与理论计算值分析比较。

表 2-7-1　方波产生电路波形参数记录表

	$R_W = 0$ Ω 时的波形及参数	$R_W = 100$ kΩ 时的波形及参数
u_o		
u_C		
u_+		

（2）调整电容值测量波形与参数的变化

将可变电阻 R_W 调整到 0 Ω,电容由原来的 0.1 μF 调整到 0.2 μF(可以在原来 0.1 μF 电容的边上并联一个 0.1 μF 电容),测量波形并记录参数。再将电容调整到 0.01 μF,观测和记录参数于表 2-7-2 中,并与理论计算值分析对比。

表 2-7-2　不同的电容对波形参数的影响记录表

$R_W = 0\ \Omega, C$ 的取值为	$0.2\ \mu F$	$0.01\ \mu F$
输出波形的周期		
理论计算值		

（3）同相端电压值对波形的影响

可变电阻 R_W 调整为 $0\ \Omega$，电容恢复到 $0.1\ \mu F$，改变输出到同相端之间的分压关系，使电容充放电的翻转点电压发生变化，测量相关点处的波形与参数，记录于表 2-7-3 中，并与理论计算值分析对比。

表 2-7-3　翻转点电压变化对输出波形的影响记录表

电阻取值	$R_1 = 10\ k\Omega, R_2 = 5\ k\Omega$	$R_1 = 5\ k\Omega, R_2 = 10\ k\Omega$
u_o		
u_C		
u_+		
测量周期		
理论计算周期		

4. 常见故障及可能的原因

（1）现象：仿真开始时看不到波形。

可能原因：充放电时间常数较大，需要过一段时间后才有波形输出。

（2）现象：输出波形不是设计的稳压管稳定电压值。

可能原因：稳压管参数有误，没有工作在击穿区，或者稳压管被损坏，正常输出电压也会比稳压管稳定电压高出一个二极管的导通压降。

（3）现象：输出波形不是方波，且输出正负电压值不对称。

可能原因：两个稳压二极管有一个接反了。

（4）现象：输出方波的高低电压不平整。

可能原因：运放输出端的限流电阻 R_3 偏大，导致稳压管没有工作在合理工作区。

(5) 现象：输出方波的周期与理论计算值偏差很大。

可能原因：电容充放电时间常数有误，或与运放同相端连接的两个电阻值有误。

四、选做实验

1. 实验内容

设计一个输出频率、占空比分别可调的矩形波产生电路，要求矩形波频率为 50 Hz～500 Hz，占空比可调范围不小于 40%～60%。

2. 实验要求

(1) 完成矩形波电路的设计及仿真；

(2) 测量矩形波电路的最大周期和最小周期；

(3) 测量矩形波电路的占空比可调范围；

(4) 其他参数指标的测量，如同相端电压的变化与输出矩形波周期的关系等。

五、设计指导

1. 什么是 PWM 波

PWM(Pulse Width Modulation，脉冲宽度调制)是一种周期性的矩形波信号，其特点是脉宽(高电平持续时间)可以根据需要进行调整，通过调整脉宽的占空比(高电平持续时间与周期的比值)，可以实现对电压、电流或功率的精确控制。PWM 技术在调光控制、电机控制和电源控制等领域有着重要的应用价值，其高效性、精确性和可靠性使得 PWM 技术成为现代电子设备和控制系统中不可或缺的一部分。

2. PWM 波产生电路

产生 PWM 波的方式很多，可以利用运放产生 PWM 波，其基本原理为：产生三角波或锯齿波作为高频调制信号 u_i，通过比较器与控制信号(调制信号)u_r 比较，就可以输出与控制信号幅度对应的不同占空比的矩形波 u_o，即 PWM 波。利用单电源工作的 PWM 波形产生电路和对应的波形如图 2-7-9 所示，电路由三角波产生电路(A_1、A_2)和一个比较器(A_3)组成。

3. PWM 波的应用介绍

PWM 波输出的占空比随着控制信号(调制信号)电压值的变化而变化，假设输出 PWM 波的高低电平分别为 5 V 和 0 V，当占空比为 50% 时，表示输出脉宽的高电平时间和低电平时间相同，其平均值为 2.5 V；而当占空比达到 75% 时，输出 PWM 波的平均值为 3.75 V；如果占空比是 20%，输出 PWM 波的平均值只有 1 V。所以输出电压的平均值随着 PWM 波的占空比变化而变化，如图 2-7-10 所示。当 PWM 波的工作频率满足一定要求时，就可以用 PWM 波来控制 LED 灯的亮度、电机的转速、舵机的控制、开关电源的控制等。

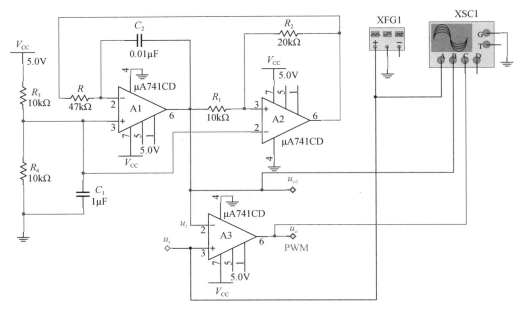

(a) 电路图

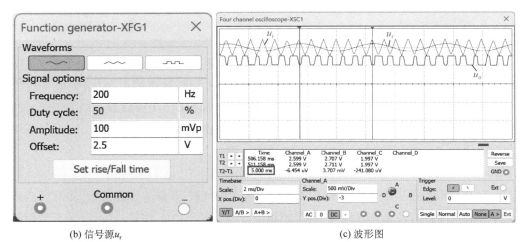

(b) 信号源u_r

(c) 波形图

图 2-7-9　PWM 波产生电路

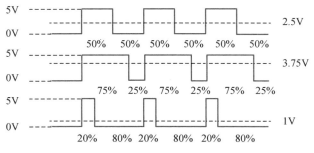

图 2-7-10　PWM 波占空比与平均电压的关系

2.8　555 定时器电路实验

555 定时器
电路实验
（PPT）

一、实验目的

（1）理解 555 定时器的基本结构及工作原理；

（2）掌握 555 定时器构成的各种基本应用；

（3）掌握各种应用电路参数的调试、测量方法；

（4）了解利用 555 设计应用电路的方式方法。

二、实验原理

1. 基本概念

555 定时器是一种多功能的集成电路，通过外围电阻、电容等元件的合理配合，可以很方便地构成施密特比较器、单稳态触发器，以及矩形波、三角波等各种波形产生电路，因此其应用非常广泛。555 定时器的外观与内部结构如图 2-8-1 所示，其基本功能如表 2-8-1 所示。

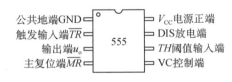

公共地端GND　　　　　　　V_{CC}电源正端
触发输入端$\overline{TR}$　　　555　　DIS放电端
输出端u_{o}　　　　　　　TH阈值输入端
主复位端$\overline{MR}$　　　　　VC控制端

(a) 555定时器外观图　　　　　(b) 555定时器管脚图

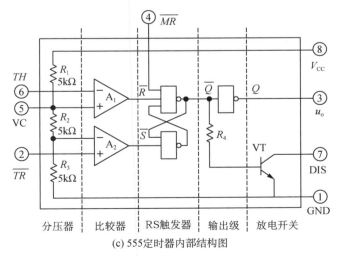

(c) 555定时器内部结构图

图 2-8-1　555 定时器外观与内部结构

表 2-8-1　555 定时器功能表

输入			输出	
$\overline{MR}$	TH	$\overline{TR}$	放电管 VT 状态	u_o(Q 端输出)
0	X	X	导通	0
1	$<\frac{2}{3}V_{CC}$	$<\frac{1}{3}V_{CC}$	截止	1
1	$>\frac{2}{3}V_{CC}$	$>\frac{1}{3}V_{CC}$	导通	0
1	$<\frac{2}{3}V_{CC}$	$>\frac{1}{3}V_{CC}$	不变	不变

　　常用的 555 定时器有双极型和 CMOS 型两类,由于制造工艺的原因,它们的内部电路不同,但管脚排列与功能是基本相同的,某些参数略有差异,使用中可根据实际情况进行选用。

2. 555 定时器构成的施密特比较器

　　施密特比较器也叫迟滞比较器或施密特触发器,将 555 定时器阈值输入端 TH(⑥脚)和触发输入端 $\overline{TR}$(②脚)连接起来,即可构成施密特比较器。

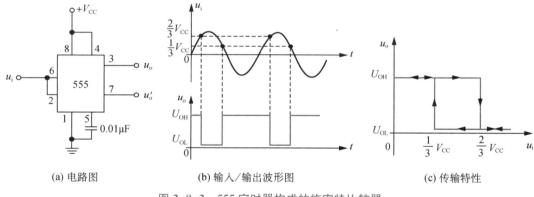

(a) 电路图　　　　　(b) 输入/输出波形图　　　　　(c) 传输特性

图 2-8-2　555 定时器构成的施密特比较器

　　图 2-8-2(a)为施密特比较器的电路图,(b)为输入正弦波后对应的输出波形,(c)为该施密特比较器的电压传输特性曲线。

　　由 555 定时器电路特性可知,该施密特比较器的上下限阈值电压分别为:

$$\begin{cases} U_{TH} = \dfrac{2}{3}V_{CC} \\[2mm] U_{TL} = \dfrac{1}{3}V_{CC} \end{cases} \qquad (2.8.1)$$

　　施密特比较器的回差为:

$$\Delta U_{\mathrm{T}} = \frac{2}{3} V_{\mathrm{CC}} - \frac{1}{3} V_{\mathrm{CC}} = \frac{1}{3} V_{\mathrm{CC}} \qquad (2.8.2)$$

3. 555 定时器构成单稳态电路

单稳态电路也叫单稳态触发器,是输出只有一种稳定状态的触发器。在外加触发信号的作用下,它的输出能够由稳态跳变成暂稳态,维持一段时间后,暂稳态结束,触发器自动返回到稳定状态,单稳态电路由此得名。在满足电路设计要求的前提下,暂稳态的维持时间取决于电路的参数,与外加触发信号无关。单稳态触发器广泛应用于定时、延时、波形整形等电路中。

由 555 定时器构成的单稳态电路及其波形如图 2-8-3 所示:(a)为电路图,(b)为单稳态波形图。

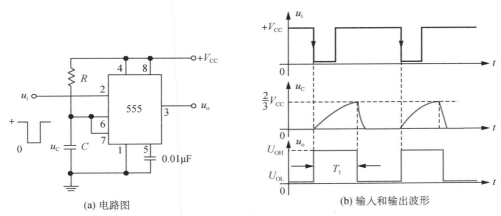

(a) 电路图　　　　　　　　　　(b) 输入和输出波形

图 2-8-3　555 定时器构成的单稳态电路

利用一阶 RC 充放电规律及 555 定时器电路特性,可以得到其单稳时间为:

$$T_1 = \tau \ln 3 \approx 1.1 RC \qquad (2.8.3)$$

单稳态电路的应用:由于单稳态电路进入暂稳状态后,其持续的时间仅由外接元件 RC 决定,利用这一特点,选择适当的 RC 参数,产生宽度为 T_1 的高电平去控制某一个电路,使它在 T_1 时间内动作或不动作,即达到了定时控制的目的。也可利用输出 u_{o} 的下降沿比输入 u_{i} 的下降沿延迟 T_1 时间的作用,构成一个延时电路。当输入失真的矩形波时,应用单稳态电路进入暂稳状态后,其输出状态与输入无关的特点,选择适当的 RC 参数,输出就变成边沿光滑陡峭的矩形波,达到波形整形的目的。

4. 555 定时器构成的矩形波产生电路

利用 555 定时器的电路特性,可以方便地构成矩形波产生电路,如图 2-8-4 所示。(a)为 555 定时器构成的矩形波电路图,(b)为电容两端的波形和产生的矩形波。

由工作原理分析可以得到:

$$T_1 \approx 0.7 \tau_1 = 0.7 (R_1 + R_2) C \qquad (2.8.4)$$

$$T_2 \approx 0.7 \tau_2 = 0.7 R_2 C \qquad (2.8.5)$$

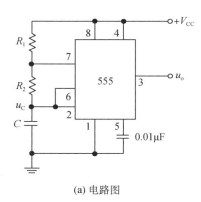
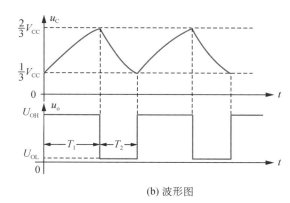

(a) 电路图   (b) 波形图

图 2-8-4　555 定时器构成的矩形波产生电路

输出矩形波的振荡周期为：

$$T = T_1 + T_2 = 0.7(R_1 + 2R_2)C \tag{2.8.6}$$

波形的振荡频率为：

$$f = \frac{1}{T} = \frac{1.43}{(R_1 + 2R_2)C} \tag{2.8.7}$$

由式(2.8.6)及式(2.8.7)可以看出，只要改变 R_1、R_2、C 的数值，就可以改变矩形波的频率。该电路所产生的矩形波占空比为 $\dfrac{T_1}{T_1 + T_2} = \dfrac{R_1 + R_2}{R_1 + 2R_2}$，调节 R_1、R_2 参数即可调整波形的占空比。但由于电路结构的原因，该电路无法输出占空比为 0.5 的矩形波，如果要输出一个占空比可调或高低电平时间相等的波形，可由图 2-8-5 所示电路实现，工作原理请自行分析。

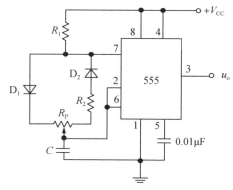

图 2-8-5　占空比可调的矩形波电路

三、实验内容

1. 实验要求

利用两片 555 定时器构成声光报警电路。

555 定时器
电路实验
（视频）

（1）第一片 555 定时器构成一个单稳态电路，当外加触发信号时，输出一个 1 s 左右的高电平，利用这个高电平来控制第二片 555 定时器是否工作，同时发光二极管 LED 点亮；

（2）第二片 555 定时器构成矩形波发生器，产生一个频率为 470 Hz 左右的矩形波，输出端可以接喇叭或蜂鸣器，发出声音。

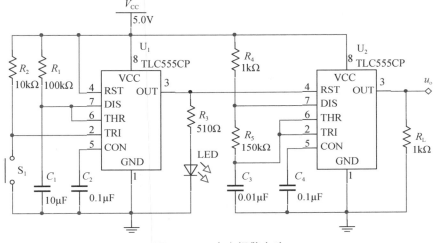

图 2-8-6　声光报警电路

图 2-8-6 为利用两片 555 定时器构成的声光报警电路参考设计，U_1 为单稳态电路，当按键 S_1 按下并迅速断开后，U_1 输出会出现高电平并持续一段时间后再变低，U_2 为矩形波发生电路，由于其复位端（4 脚）连接在 U_1 的输出端，所以只有在 U_1 输出高电平期间，U_2 才有矩形波输出。实现了 U_1 为高电平期间，LED_1 被点亮，同时 U_2 输出矩形波，使蜂鸣器或喇叭发出报警声的功能。

2. 仿真实验

利用 Multisim 软件，通过添加元器件、连线等操作，把电路连接好。

运行 Multisim，点击触发开关 S_1 并迅速断开，利用 S_1 的通断给第一片 555 定时器一个低电平触发信号，用示波器同步观察两片 555 定时器的输出端信号的变化规律，以及 LED 的状态。

仿真时注意，由于第一片单稳态电路的定时时间较长，按照一般的仿真需要很长时间，可以采用以下两种方式。

（1）由单稳态电路的工作原理可知，减小 R_1、C_1 的数值，可以减小单稳态定时时间，

如将电阻 R_1 由 $100\,\text{k}\Omega$ 减小到 $10\,\text{k}\Omega$，则单稳态定时时间就只有原来的十分之一，如图 2-8-7 所示为仿真波形。

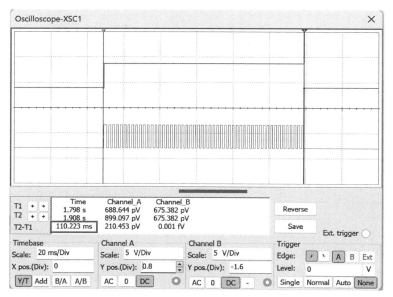

图 2-8-7　调整单稳态时间后的仿真波形

由图 2-8-7 可以看出，原来设计的单稳态定时时间是 $1.1\,\text{s}$，由于调整了电阻 R_1 的数值，仿真结果约为 $110\,\text{ms}$，为原设计的十分之一。

（2）第二种方式是调整 Multisim 软件的仿真参数，通过设置仿真功能中的仿真分析步长，也可以得到完整的仿真波形。

3. 电路实验

（1）单稳态电路的测量

按图 2-8-8(a)所示接好电路，确认连接无误后打开电源开始实验，并记录数据。

利用示波器的单次触发模式，测量 555 定时器构成的单稳态电路的输出波形，测量其定时时间并记录在表 2-8-2 中，如果调整参数，观察记录对应的定时时间，并与理论计算值分析对比。

利用示波器的单次触发模式，测量 555 定时器构成的单稳态电路输出波形，测量其定时时间并记录在表 2-8-2 中，如果调整定时时间，观察记录对应的定时时间，并与理论计算分析对比。

注意：555 单稳态电路要求输入触发脉冲的宽度必须小于暂稳态持续时间 T_1，否则会影响到电路的正常工作。因此当 u_i 宽度大于 T_1 时，必须在输入端加一个 RC 微分电路，如图 2-8-8(b)所示。

稳压电源
使用说明书

数字示波器
使用说明书

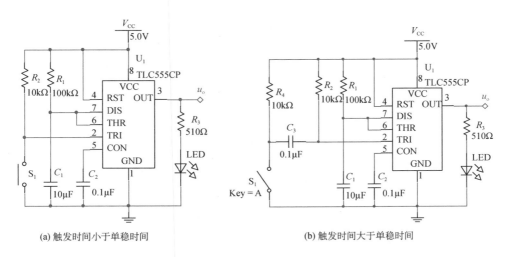

(a) 触发时间小于单稳时间　　　　　　　　(b) 触发时间大于单稳时间

图 2-8-8　555 定时器构成的单稳态实验电路

表 2-8-2　单稳态定时时间的测量值记录表

R_1、C_1 取值	$R_1=100\ \mathrm{k\Omega}$,$C_1=10\ \mathrm{\mu F}$	$R_1=200\ \mathrm{k\Omega}$,$C_1=10\ \mathrm{\mu F}$
单稳态测量值		
理论计算值		

（2）矩形波发生器的测量

参照图 2-8-9 所示矩形波发生器，正确连接后加电测量输出波形，调整不同的参数，记录测量值于表 2-8-3 中，并和理论计算值相比较。然后用蜂鸣器或小功率喇叭接在输出端代替电阻 R_L，注意声音的变化，讨论分析参数取值与输出波形及声音变化之间的关系。

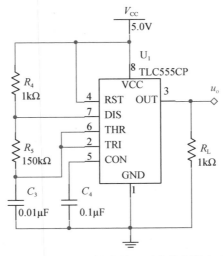

图 2-8-9　555 定时器构成的矩形波发生器实验电路

表 2-8-3　矩形波发生器参数记录表

R_5、C_3 取值	$R_5=150\ \text{k}\Omega,C_3=0.01\ \mu\text{F}$	$R_5=75\ \text{k}\Omega,C_3=0.01\ \mu\text{F}$
周期测量值		
周期理论计算值		
声音的变化		

注:用示波器测量矩形波输出波形时不要接喇叭或蜂鸣器,直接用一个电阻(如 1 kΩ)作为负载。

（3）声光报警电路实验

参照图 2-8-6 所示电路,注意要将原 555 定时器构成的矩形波发生器实验时的 RST 端(第 4 脚)由接电源改为接到第一片 555 定时器构成的单稳态电路的输出端,使矩形波发生器的输出受到单稳态电路输出的控制,只有当单稳态电路输出为高电平时,矩形波发生器才有输出,即按动一次触发按键并迅速断开后,LED 点亮,同时发出报警声,到设计的定时时间结束后自动停止报警,LED 也同时熄灭,完成声光报警电路功能。

特别注意:单稳态电路输出只有一个波形,不是连续的周期性波形,利用示波器测量单稳态输出波形时,要将示波器设置成单次触发模式。

4. 常见故障及可能的原因

（1）现象:单稳态电路输出波形不正常。

可能原因:按键 S_1 按下后没有断开,又没有加入微分电路。

（2）现象:单稳态电路输出端测量出是高电平,但 LED 不亮。

可能原因:LED 接反,或限流电阻过大,或限流电阻太小导致 LED 已经被损坏。

（3）现象:单稳态或矩形波发生器的输出没有按照要求输出波形。

可能原因:555 定时器的 RST 端(第 4 脚)没有接到高电平。

（4）现象:输出波形的宽度与设计值偏差较大。

可能原因:决定输出波形宽度的电阻、电容参数有误。

（5）现象:两个电路单独实验时都正常,连接后却不能正常工作。

可能原因:U_1 的输出需要连接到 U_2 的复位端,原来做矩形波发生器时复位端连接到电源端的连线要去掉。

四、选做实验

1. 实验内容

参照由单稳态定时器构成的声光报警电路实验,设计一个自动声光报警电路,当电路加电工作后,喇叭能一直发出间歇性报警声,有报警声的同时,LED 被点亮。报警时间和间隙时间为 1～1.2 s 之间,报警声频率设置在 300～500 Hz 之间。

NE555
数据手册

2. 实验要求

（1）完成电路的设计及仿真；

（2）测量相关点的波形及参数；

（3）分析理论设计和实际测量之间的误差；

（4）其他要求，如怎样调整报警时间、报警声频率，如何设计变音调的报警器等。

五、设计指导

1. 外接元件参数的选取原则

由 555 定时器的工作原理可知，单稳态电路与矩形波产生电路的输出波形宽度都是由外接的电阻、电容确定的，所以电阻、电容的选择尤为重要，除了要保证参数的精确性和稳定性外，参数的选择也需要做以下考虑（以双极型 555 为例）：

电阻的性能
及参数

（1）电阻值的选取

555 定时器第 7 脚内部是一个放电三极管，电阻中流过的电流是灌入该三极管的，所以与第 7 脚相连的电阻最小值应保证流过的电流不损坏该放电三极管，一般应控制在 5 mA 以下；另外电阻又与第 2、6 脚相连，其内部为比较器输入，所以电阻最大值的选取取决于比较器输入所需要的阈值电流，该值一般约为 1 μA。所以工作在 5 V 电源电压的 555 定时器电路，其电阻选取一般建议在 1 kΩ～5 MΩ 范围内。

电容的性能
及参数

（2）电容值的选取

最小电容值一般应远大于相连的 555 定时器对应管脚的分布电容，以确保定时值的稳定准确，所以电容的最小值一般应选用 100 pF 以上；而电容的最大值通常是由该电容的漏电流来确定，一般而言，随着电容量的增大，其漏电流也会随之增大，在要求定时时间长、精度要求高时，应选用漏电流较小的电容，如胆电容或其他优质电容。

2. 输出驱动能力

对于双极型 555 定时器，其输出驱动能力较强，一般可以达到 200 mA 的输出拉电流或灌电流驱动能力；而对于 CMOS 型 555 定时器，其驱动能力较弱，为了改善带负载能力，一般会在输出端外加一个 NPN 三极管来提高输出的驱动能力，如图 2-8-10 所示。

3. 当输出为感性负载时

当负载为小电机或启动继电器时，在定时结束的瞬间，线圈两端会出现相当大的反电势，为了保护 555 定时器，一般会在线圈上并接一个续流二极管 D_1，以削弱该反电势。也可以在 555 定时器输出端到感性负载之间串接一个隔离二极管 D_2，如图 2-8-11 所示。

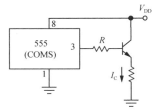

图 2-8-10　CMOS 型 555 定时器
扩大驱动电流的方法

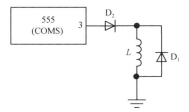

图 2-8-11　感性负载与 D_1，D_2 接入

4. 555 定时器控制端的应用

555 定时器在控制端（第 5 脚）没有外加电压时，一般会在该引出端到地接一个 $0.1\ \mu F$ 的电容，此时定时器内部的比较参考电压为 $\frac{1}{3}V_{CC}$ 与 $\frac{2}{3}V_{CC}$，当在控制端外加一个控制电压时，比较器的参考电压发生了变化，所以也可以通过在控制端加上不同的电压，来调整单稳态电路的定时时间以及矩形波产生电路的输出波形宽度，给电路设计带来便利。如构成矩形波发生器时，在 555 定时器的第 5 脚加上一个变化的电压，将导致输出矩形波的脉冲宽度随输入电压的变化而变化，就可以产生不同的报警声音。

2.9　精密整流电路设计

精密整流
电路设计
（PPT）

一、实验目的

（1）掌握精密整流电路的结构及工作原理；
（2）掌握精密整流电路传输特性的测量方法；
（3）掌握精密整流电路输出动态范围的测量方法；
（4）熟悉由给定传输特性设计电路的方法。

二、实验原理

1. 基本概念

整流电路是利用具有单向导电性能的半导体二极管，将正负交替的交流电压变换成单方向的脉动电压，一般有半波整流和全波整流两种，如图 2-9-1 所示。

2. 简单二极管半波整流电路

由二极管特性可知，由于二极管正向导通有一个开启电压，也叫死区电压，如图 2-9-2

所示,当输入信号低于死区电压时二极管是不导通的,如果用简单的二极管整流电路实现整流功能,就会出现整流输出的波形和输入信号波形不相等的情况,如图 2-9-3(b)所示。尤其当输入信号比较小时,失真更是严重。

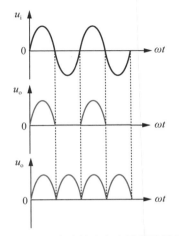

图 2-9-1　半波整流和全波整流波形

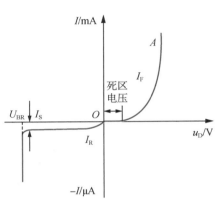

图 2-9-2　二极管特性曲线

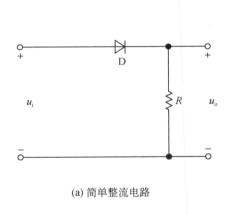

(a) 简单整流电路

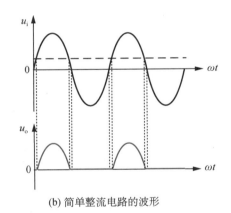

(b) 简单整流电路的波形

图 2-9-3　简单二极管整流电路及波形

利用软件对图 2-9-3(a)所示电路进行仿真,当输入不同幅度的信号时观察输出波形,如图 2-9-4(a)所示输入为 10 V 峰值的正弦波、图 2-9-4(b)输入为 1 V 峰值的正弦波,可以看出由二极管开启压降导致输出与输入的不同。当输入信号幅度比较大时(10 V),输出基本与输入相同,而当输入为 1 V 峰值信号时,输出出现了很大的失真。所以针对有较高要求或对信号幅度较小时需要完成整流功能,简单的二极管整流电路就不能满足要求。

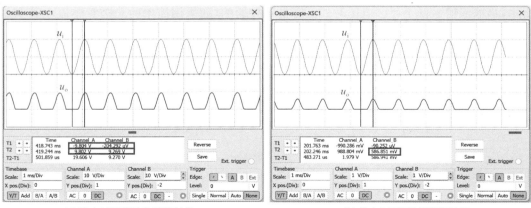

(a) 输入10 V信号的整流结果　　　　　　　(b) 输入1 V信号的整流结果

图 2-9-4　简单整流电路对不同输入信号的仿真

3. 半波精密整流电路

针对简单二极管整流电路出现的失真现象,有必要设计新的电路结构和形式,来消除这个失真,实现精密整流,如图 2-9-5 所示为半波精密整流电路、输入/输出对应的波形图,以及电路的传输特性曲线。

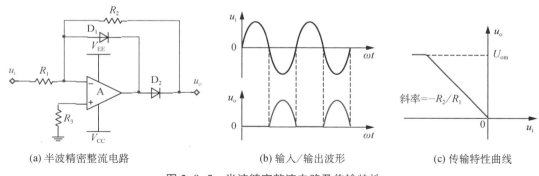

(a) 半波精密整流电路　　　　　　(b) 输入/输出波形　　　　　(c) 传输特性曲线

图 2-9-5　半波精密整流电路及传输特性

如图 2-9-5(a)所示为半波精密整流电路原理图,利用二极管的单向导电特性和运算放大器的特性,对其工作原理分析如下:

(1) 当输入信号 u_i 大于零时,运放的输出端电压降低,导致 D_1 导通,D_2 截止,由 R_1、D_1 和运放构成了一个深度负反馈电路,运放工作在线性区,同相端接地,反相端为虚地,电路的输出电压为零;

(2) 当输入信号 u_i 小于零时,运放的输出端电压将提高,导致 D_1 截止,D_2 导通,由 R_1、R_2、D_2 和运放构成了反相比例放大电路,输出端电压 $u_o = (-R_2/R_1)u_i$,当 $R_1 = R_2$ 时,输出电压与输入电压等值反相,完成了反向半波整流功能。

由此可以看出,由于运放的应用,二极管特性中的开启压降或死区电压并没有显现在输出端,输出与输入实现了半波精密整流,其输入电压与输出电压对应的波形如图 2-9-5(b)所示,完成了负半周信号的半波整流功能,其电压传输特性如图 2-9-5(c)所示,图中 U_{OM} 为运放的最大输出电压与二极管导通电压之差,即 $U_{om}=U_{OM}-U_D$。该电路为提取负半周信号的精密整流电路,即输入信号小于零时输出有大于零的信号,用类似的方法也可以设计提取正半周信号的精密整流电路,还可以通过调整电阻的取值,来改变电压传输特性的斜率。

4. 全波精密整流电路

全波精密整流电路如图 2-9-6(a)所示。

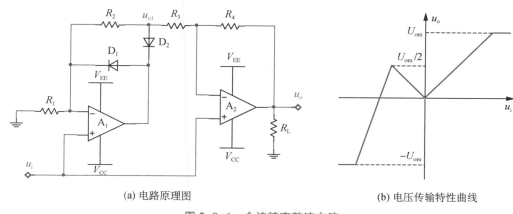

(a) 电路原理图　　　　　　　　　　(b) 电压传输特性曲线

图 2-9-6　全波精密整流电路

由图 2-9-6(a)可知,运放 A_1、二极管 D_1、D_2 以及电阻 R_1、R_2 构成了与图 2-9-5(a)类似的半波精密整流电路,而运放 A_2 及电阻 R_3、R_4 构成的是双端差分输入方式的减法电路。电路的工作原理如下:

(1) 当输入 $u_i>0$ 时,D_1 导通,D_2 截止,A_1 工作在线性区满足虚短特性,所以输出电压 $u_{o1}=u_{1-}=u_{1+}=u_i$,由叠加原理可知,A_2 的输出端电压为:$u_o=\left(1+\dfrac{R_4}{R_3}\right)u_i-\dfrac{R_4}{R_3}u_i$;

(2) 当输入 $u_i<0$ 时,D_1 截止,D_2 导通,A_1 构成了一个同相比例电路,其输出电压 $u_{o1}=\left(1+\dfrac{R_2}{R_1}\right)u_i$,由叠加原理可知,$A_2$ 的输出端电压为:$u_o=\left(1+\dfrac{R_4}{R_3}\right)u_i-\left(1+\dfrac{R_2}{R_1}\right)\dfrac{R_4}{R_3}u_i$;

(3) 如果合理选择电阻数值,满足:$R_1=R_2=R_3=R$,$R_4=2R$,则:

$$u_o=\begin{cases}u_i & u_i>0\\ -u_i & u_i<0\end{cases}$$

实现了全波精密整流功能,输出电压为输入电压的绝对值,所以也称该电路为绝对值整流电路,其电压传输特性曲线如图 2-9-6(b)所示。由于在 $u_i<0$ 时 A_1 构成的是同相比例放大电路,在满足上述电阻取值时放大倍数为 2 倍,受到运放 A_1 最大输出电压幅度的影响,所以最大输入信号只能小于运放最大输出幅度的一半,即该电路满足绝对值精密整流特性的输入信号幅度只能是运放最大输出幅度的二分之一。当输入信号幅度超过该数值时,u_{o1} 维持在 $-U_{OM}+U_D$,不再随输入信号而变化,运放 A_2 工作在比例系数为 3 倍的

同相放大状态,而 u_{o1} 相当于叠加了一个固定的直流输入,所以在输入信号为负值且幅度大于运放最大输出幅度一半时(忽略 D_2 的管压降),出现了传输特性的规律发生变化的现象,在应用该电路时要注意这个特性。

三、实验内容

精密整流
电路设计
(视频)

1. 实验要求

以用 $\mu A741$、LM324、TL084 等通用运算放大器以及 1N4001~1N4007 等二极管构成的简单半波精密整流电路,开展精密整流电路特性的测量、传输特性的测量以及电路性能的研究。

$\mu A741$
数据手册

LM324
数据手册

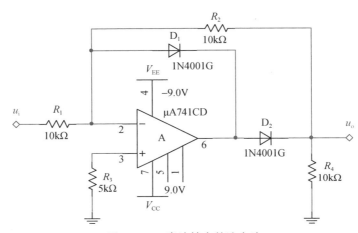

图 2-9-7　半波精密整流电路

TL084
数据手册

电路结构及参数如图 2-9-7 所示,运放采用 $\mu A741$,两个二极管为 1N4001,运放的工作电压为 $\pm 9\ V$。输入端加上频率为 100 Hz 不同幅值的正弦波,测量输出信号的波形并观察其与输入信号的关系。

2. 仿真实验

利用 Multisim 软件,通过添加元器件、连线等操作,把电路连接好。

1N4001
数据手册

输入端加上不同幅度的正弦波,观察输出信号与输入信号的关系,尤其是在输入信号小于二极管开启电压时,观察输出信号是否受二极管开启电压的影响。图 2-9-8 所示为输入端加上 100 Hz, 100 mV 的正弦波时,输出电压与输入电压的波形,由此可以看出,输出与输入之间实现了半波精密整流。

该电路是把输入信号的负半波整流成为正半波输出,如果需要将输入信号的正半波整流信号输出,电路将如何设计?

可以调整不同的输入信号幅度,观察输出与输入信号之间的关系,分析是否实现了精密整流的功能;或者通过选择不同的电阻阻值、改变二极管的方向等,研究精密整流电路的特性,也可以测量电路的传输特性曲线。

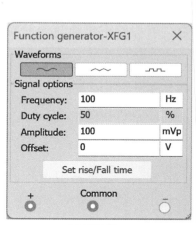

(a) 信号源

(b) 波形图

图 2-9-8 半波精密整流电路仿真波形

3. 电路实验

按图 2-9-7 所示接好电路,确认连接无误后打开电源开始实验,并记录数据。

(1) 整流特性的测量

u_i 输入一个频率为 100 Hz 的正弦交流信号,峰峰值分别为 200 mV、2 V、10 V、20 V,用示波器测量输入和输出信号波形,记录波形及参数于表 2-9-1,并对结果进行分析比较。

表 2-9-1 半波精密整流特性测量记录表

输入信号峰峰值	200 mV	2 V	10 V	20 V
输入/输出信号波形及参数				

(2) 传输特性测量

用示波器的 X—Y 方式测量该电路的电压传输特性,画出电压传输特性曲线在图 2-9-9 上,标出输出的最大值 U_{om},分析输出信号的动态范围与哪些因素有关?

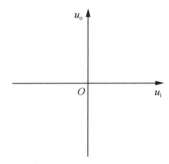

图 2-9-9 电压传输特性曲线

稳压电源
使用说明书

信号源
使用说明书

数字示波器
使用说明书

（3）电路特性的研究

参照图 2-9-7 所示电路，如果将反馈电阻 R_2 由原来的 10 kΩ 改为 20 kΩ，测量电路的整流特性及电压传输特性有什么变化，如果 R_2 改为 5 kΩ，电路整流特性及传输特性又将发生什么变化？在图 2-9-10（a）（b）上分别画出对应的两个电压传输特性曲线。

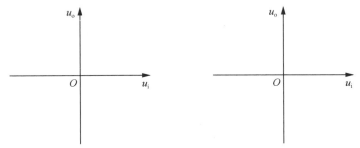

(a) R_2 改为20 kΩ时的电压传输特性曲线　　(b) R_2 改为5 kΩ时的电压传输特性曲线

图 2-9-10　不同的 R_2 值对应的电压传输特性曲线

（4）将原电路中的二极管 D_1、D_2 反接，测量电路的特性及传输特性曲线有什么变比，在图 2-9-11 上画出电压传输特性曲线，并与原来的结果进行对比分析。

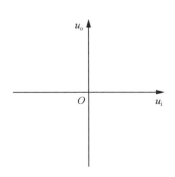

图 2-9-11　D_1、D_2 反接对应的电压传输特性曲线

4. 常见故障及可能的原因

（1）现象：只有在输入正半周时，输出才出现负半周波形。

可能原因：两个二极管接反了。

（2）现象：输入负半周信号时正常，而输入为正半周信号时，输出约为输入信号的三分之一。

可能原因：因二极管 D_1 没有接好而开路，使正半周输出信号为输入信号在电阻 R_1、R_2 和 R_4 上分压。

（3）现象：输出只有在输入信号的负半周有输出，且约为输入信号的三分之一（幅度）。

可能原因:因二极管 D_2 没有接好而开路。

（4）现象:输出波形是方波,高电平与输入信号负半周对应。

可能原因:因电阻 R_2 没有接好而开路,电路变成了比较器。

（5）现象:电压传输特性与设计要求不符。

可能原因:电阻 R_2 或 R_1 的取值有误,导致其比值不满足设计要求。

四、选做实验

1. 实验内容

参照半波精密整流电路实验,设计一个全波精密整流电路,也叫绝对值电路。参考图 2-9-6(a)电路结构,要求具有图 2-9-6(b)所示的电压传输特性。

2. 实验要求

选用通用运放 μA741、LM324、TL084 等,二极管可以选用 1N4001～1N4007 等。

（1）完成精密整流电路的设计及仿真测量。

（2）观察电路的输入/输出波形,测量其性能指标。

（3）测量电路的传输特性是否满足设计要求。

（4）如何调整传输特性曲线的斜率?

（5）满足绝对值特性的输入信号范围多大?

五、设计指导

精密整流的应用——峰值检波电路

精密整流电路在很多场合都有应用,如利用精密整流电路实现峰值检波。峰值检波是检出交流信号幅值的电路,也是常用的交直流转换电路之一。峰值检波电路对交流信号进行半波或全波整流,再利用电容的充放电保持整流输出的峰值,得到较平缓的直流信号,该直流信号的值就是被测交流信号的峰值。

如图 2-9-12(a)所示为一种峰值检波电路原理图,是在原半波精密整流电路的输出端并接了一个电容 C,利用电容的充放电特性,只要合理选择电容、电阻参数,就可以得到输出电压近似为输入交流信号的幅值,实现信号的峰值检测。

当输入信号小于零时,D_1 截止,D_2 导通,电容 C 被快速充电到接近输入信号的峰值;而当输入信号大于零时,D_1 导通,D_2 截止,电容 C 通过电阻 R_4、R_2 放电,输出端电压略有下降,但基本维持在原有的电压值,其输入和输出对应的波形如图 2-9-12(b)所示。图 2-9-13 为该电路的仿真波形。当输入信号为 1 kHz,1 V 的峰值正弦波时,输出如图 2-9-13(b)所示。该电路中输出端电阻 R_4、电容 C 参数的选择需要根据输入信号的频率范围及幅度变化而定:电容小充电速度快,可以快速跟随输入信号的变化,但放电速度

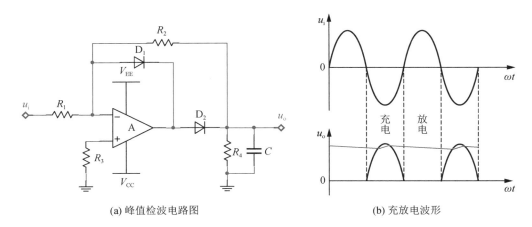

(a) 峰值检波电路图　　　　　　　　　(b) 充放电波形

图 2-9-12　峰值检波电路

也快,输出的稳定性相对变差;反之,电容大放电慢,输出电压的稳定性提高,但对输入信号的快速变化响应变慢,跟随性能变差。同样,电阻大可以使输出的稳定性得到保证,但对输入信号的响应速度变慢,反之电阻小能相对快速地跟随输入信号的变化,但输出电压的稳定性变差。所以需要根据输入信号的频率范围合理选择参数值,一般情况下应满足 $\dfrac{1}{2\pi(R_4//R_2)C} \ll f_C$,其中 f_C 为输入信号的最低工作频率。

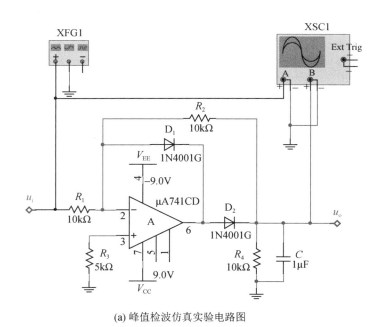

(a) 峰值检波仿真实验电路图

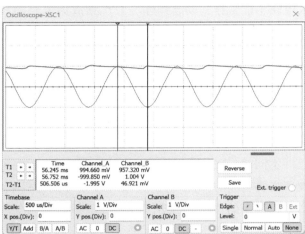

(b) 信号源　　　　　　　　　　　　(c) 波形图

图 2-9-13　峰值检波仿真电路

2.10　三极管放大电路基本性能的测量

一、实验目的

（1）掌握单级三极管放大电路的工作原理、电路设计、安装和调试；

（2）了解三极管各项基本参数的意义、选择器件的注意事项；

（3）理解三极管偏置电路的基本概念，掌握静态工作点的调试和测量方法；

（4）掌握三极管放大电路输入阻抗、输出阻抗、增益等的基本概念以及测量方法。

二、实验原理

1. 基本概念

三极管放大电路是利用双极型器件或场效应器件的控制特性，将输入小信号线性放大到所需数值的电路。双极型器件有三种基本组态：共发射极电路、共基极电路和共集电极电路，场效应管也有三种基本组态：共源极电路、共栅极电路以及共漏极电路。

三极管放大电路一般需要研究分析两种特性：静态特性和动态特性。静态特性是指三极管放大电路为了正常工作而构建的静态工作点，包括三极管各电极之间的电压、电极

三极管放大电路基本性能的测量（PPT）

113

中流过的电流。工作点设置是否合适,将影响到放大电路的动态性能指标,甚至会导致放大电路不能工作。动态特性一般包括放大电路的放大倍数、输入电阻、输出电阻、动态范围、频带宽度等,这些特性是衡量一个放大电路性能好坏的重要指标。

晶体三极管的性能及参数

双极型三极管有多种分类方式,按制作的材质可以分为:硅管、锗管;按结构可分为:NPN 管、PNP 管;按三极管的功能可以分为:开关管、功率管、达林顿管、光敏管等;按三极管的功率大小可以分为:小功率管、中功率管、大功率管;按照三极管的工作频率可以分为:低频管、高频管、超频管;按三极管的结构工艺可以分为:合金管、平面管;按照其封装方式可以分为:插件三极管、贴片三极管。

不同的三极管有着各自不同的特性及其应用场合,选择合适的三极管是放大电路实现所需要功能的保证,通过查阅对应型号的器件数据手册可以获得所用器件的性能。如本实验选用的 9013 三极管,是以硅材料制作的 NPN 型小功率三极管,其部分参数如表 2-10-1 所示。

表 2-10-1　三极管 9013 器件部分数据表

9013 数据手册

参数符号	测量条件	参数值	参数意义及设计时应该如何考虑
BV_{CBO}	$I_C=100\ \mu A,\ I_E=0$	40 V	击穿电压,超过这个电压三极管就可能被击穿
BV_{CEO}	$I_C=1\ mA,\ I_B=0$	20 V	
BV_{EBO}	$I_E=100\ \mu A,\ I_C=0$	5 V	
I_{CBO}	$U_{CB}=25\ V,\ I_E=0$	100 nA	集电结反向电流
I_{EBO}	$U_{EB}=3\ V,\ I_C=0$	100 nA	发射结反向电流
h_{FE}	$U_{CE}=1\ V,\ I_C=50\ mA$	典型值 120 倍	直流电流增益
$V_{CE}(sat)$	$I_C=500\ mA,\ I_B=50\ mA$	典型值 0.16 V 最大值 0.6 V	集电极—发射极饱和压降
$V_{BE}(sat)$	$I_C=500\ mA,\ I_B=50\ mA$	典型值 0.91 V 最大值 1.2 V	基极—发射极饱和压降
$V_{BE}(on)$	$U_{CE}=1\ V,\ I_C=10\ mA$	最小值 0.6 V 典型值 0.67 V 最大值 0.7 V	基极—发射极导通电压

表 2-10-1 表示了三极管 9013 在 25℃室温环境下的部分电气特性,完整的数据手册可以扫描二维码查看。

2. 分压式偏置共发射极放大电路工作原理

以 9013 为核心的分压式偏置共发射极放大电路如图 2-10-1 所示。

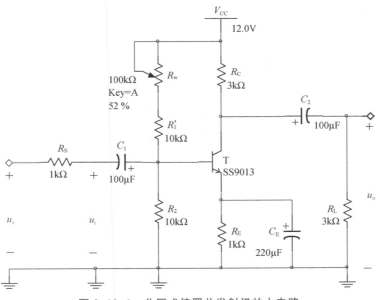

图 2-10-1　分压式偏置共发射极放大电路

其中:由 R_W 和 R_1' 串联构成的电阻 R_1 称为"上偏置电阻",R_2 称为"下偏置电阻",R_1 和 R_2 构成分压式偏置方式,为三极管 T 提供静态偏置,R_E 为发射极电阻,和发射极旁路电容 C_E 一起用于稳定电路的静态工作点。信号源电压 u_s 经过信号源内阻 R_s(由于信号源内阻非常小,为了测试输入电阻而特地加入 R_s,模拟信号源内阻,其余情况这个电阻 R_s 一概省略)后成为放大电路的输入信号 u_i,由输入耦合电容 C_1 将该信号传递给三极管输入端进行放大,由集电极电阻 R_C 将变化的集电极电流转换成变化的电压,通过输出耦合电容 C_2,再将变化的电压输出到负载 R_L 上,完成了信号由输入到输出的放大,其中放大的实现是由三极管的控制作用完成的。

即:

$$u_\mathrm{s} \xrightarrow{R_\mathrm{s}} u_\mathrm{i} \xrightarrow{C_1} u_\mathrm{be} \rightarrow i_\mathrm{b} \rightarrow i_\mathrm{c}(\beta i_\mathrm{b}) \rightarrow i_\mathrm{c}R_\mathrm{L}' \rightarrow u_\mathrm{c} \xrightarrow{C_2} u_\mathrm{o}$$

三、实验内容

1. 实验要求

以图 2-10-1 电路为例,完成静态工作点的测量、动态参数的测量、三极管放大电路输入和输出电阻的测量。

(1) 静态工作点的测量

静态也叫直流工作状态,是指电路在没有外加交流信号,仅有直流电源供的电状态下三极管的电压和电流。一般指三极管的集电极电流 I_C,集电极-发射极电压 U_CE,基极电流 I_B 和基极-发射极电压 U_BE。在实际应用时,一般以测量 I_C 和 U_CE 两个参数为主。

三极管放大
电路基本
性能的测量
(视频)

（2）动态参数的测量

动态也叫交流工作状态,是指三极管在直流工作状态(静态工作点)下,当外加交流信号作用时,测量输出交流信号幅度的大小、输出波形是否出现失真、最大输出幅度等。

（3）输入和输出电阻的测量

输入电阻反映了一个放大电路对信号源信号的获取能力,针对不同的信号源特性需要设计不同大小的输入电阻。一般而言,针对电压源特性的信号,其等效内阻比较小,所以希望放大电路的输入电阻尽可能大些;而针对电流源特性的信号,其等效内阻比较大,设计的放大电路输入电阻应尽量小些。

输出电阻反映了一个放大电路带负载能力的大小,当放大电路以电压源形式输出时,希望放大电路的输出电阻尽可能小,放大后的信号电压能更多地输出在负载上;当放大电路以电流源形式输出时,所设计的放大电路的输出电阻就需要尽可能大。

2. 仿真实验

（1）静态工作点的测量

输入端到地短接,注意去掉 R_s,用直流电压表测量对应点电压,如图 2-10-2 所示,通过调整上偏置电阻中的 R_W 值,使得发射极电阻 R_E 上的电压值为 1 V 左右,由 3 个电压表测量值可以得到对应的静态工作点的电压、电流值为:

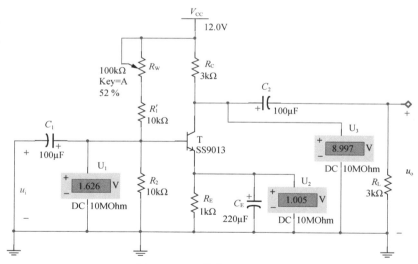

图 2-10-2　静态仿真电路图

$$I_{CQ} = \frac{U_{EQ}}{R_E} = \frac{1.005\text{V}}{1\text{ k}\Omega} = 1.005\text{ mA}$$

$$U_{CEQ} = U_{CQ} - U_{EQ} = 8.997\text{ V} - 1.005\text{ V} = 7.992\text{ V}$$

$$U_{BEQ} = U_{BQ} - U_{EQ} = 1.626\text{ V} - 1.005\text{ V} = 0.621\text{ V}$$

查看 Multisim 中 SS9013 三极管的 $\beta = 200$（具体方法参见设计指导中如何查看

Multisim 中 9013 模型的 β 值），则

$$I_{BQ} = \frac{I_{CQ}}{\beta} = \frac{1.005 \text{ mA}}{200} = 5.025 \text{ }\mu\text{A}$$

（2）放大电路动态参数的测量

输入端加上信号源，用四通道示波器的通道 A 连接信号源，通道 B 连接电路的输入端，通道 C 连接电路的输出端，如图 2-10-3 所示。连接好电路后开始仿真。信号源的设置如图 2-10-4 所示，波形选择正弦波，频率选择 1 kHz，不断调整信号源幅度，同时观察示波器的 B 通道，使 u_i 峰峰值为 10 mV 左右时停止调节，信号源峰值为 6.6 mV。如图 2-10-5 中可以观察到 A 通道（u_s）峰峰值为 12.997 mV，示波器 B 通道（u_i）峰峰值为 10.071 mV，此时放大电路的输出（u_o）如示波器 C 通道所示，其峰峰值为 562.812 mV。测试过程中观察示波器，确保信号不失真，同时也在示波器上看到，输出信号和输入信号是反相的，验证了三极管共发射极放大电路实现反相放大的特性。

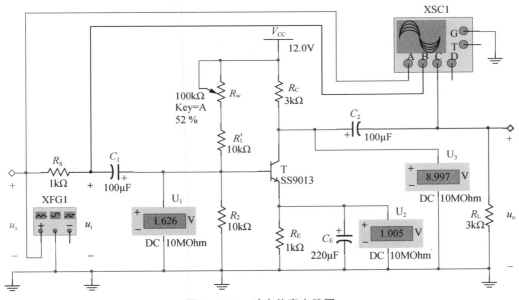

图 2-10-3　动态仿真电路图

由以上测量参数可以得出：

电路的放大倍数为（以峰峰值数据计算）：

$$\dot{A}_u = \frac{U_o}{U_i} = \frac{-562.812 \text{ mV}}{10.071 \text{ mV}} = -55.88$$

源电压放大倍数为：

$$\dot{A}_{us} = \frac{U_o}{U_s} = \frac{-562.812 \text{ mV}}{12.997 \text{ mV}} = -43.30$$

由式(1-4-3)可得放大电路的输入电阻为：

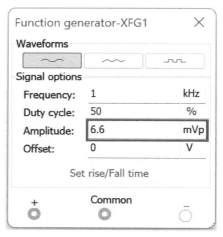

图 2-10-4　动态仿真信号源参数图

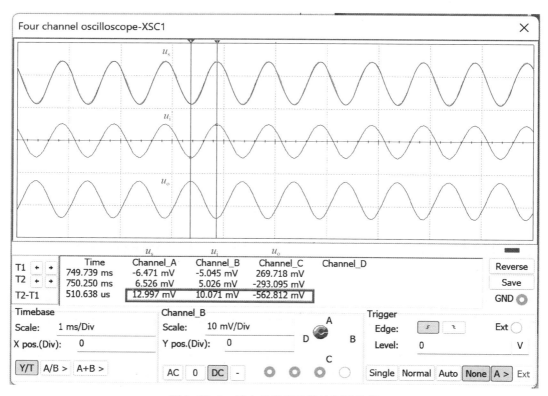

图 2-10-5　动态仿真示波器波测量数据

$$R_i = \frac{U_i}{U_s - U_i} R_s = \frac{10.071 \text{ mV}}{12.997 \text{ mV} - 10.071 \text{ mV}} \times 1 \text{ k}\Omega = 3.44 \text{ k}\Omega$$

为了测量电路的输出电阻,把负载电阻 R_L 开路,测量此时的输出电压(U_o')的峰峰值为 1 109 mV,如图 2-10-6 所示。

所以由式(1-4-5)可得放大电路的输出电阻为：

$$R_{\circ} = \frac{U'_{\circ} - U_{\circ}}{U_{\circ}} R_{\mathrm{L}} = \frac{1\ 109\ \mathrm{mV} - 562.812\ \mathrm{mV}}{562.812\ \mathrm{mV}} \times 3\ \mathrm{k\Omega} = 2.91\ \mathrm{k\Omega}$$

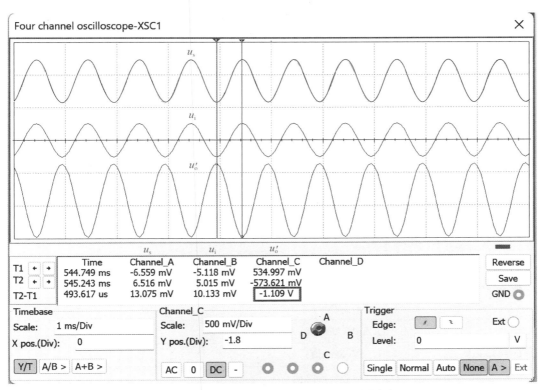

图 2-10-6　负载电阻 R_{L} 开路时示波器测量数据

（3）工作点的改变对电路性能的影响

通过调整上偏置电阻中的 R_{W} 值,可以得到不同的静态工作点。参照上述类似方式,测量相应的静态工作点的参数以及对应的动态性能指标,分析研究静态工作点对放大电路动态性能的影响。

通过调整工作点,并适当加大输入信号值,观察输出波形的失真现象,分析研究工作点如果设置的不合理,会导致放大电路输出波形出现何种类型的失真？要消除失真应该如何调整电路的工作点,以及使输出信号达到最大不失真幅度时对应的工作点应该如何设置。

3. 电路实验

电路及元器件参数如图 2-10-1 所示,正确连接后开展实验。

（1）工作点设置及放大电路基本性能测量

① 放大电路的输入不接信号源,去掉 R_{s},并将输入端接地,如图 2-10-2 所示。调整 R_{W},使静态集电极电流 $I_{\mathrm{CQ}} = 1\ \mathrm{mA}$（一般可以通过测量集电极或发射极电阻两端压降确

稳压电源
使用说明书

119

定),测量静态时晶体管各个电极的电压值,将数据记入表 2-10-2 中。

② 去掉输入端的接地线并接入信号源和 R_s,如图 2-10-3 所示,将信号源 U_s 设置成频率为 1 kHz 的正弦信号,调整信号源输出幅度,使放大电路输入端信号 $U_i = 10$ mV(峰峰值),测量 U_s、U_o 和 U_o'(负载开路时的输出电压)的值并填于表 2-10-2 中。

数字示波器
使用说明书

注意:用双通道示波器测量 U_o 及 U_i 的波形参数时,必须确保是在 U_o 不失真的情况下测量数据。

③ 重新调整 R_W,使 I_{CQ} 为 2 mA,重复上述测量,将测量结果记入表 2-10-2 中。

④ 根据测量结果可以计算出在不同的静态工作点时,该放大电路的放大倍数 $\dot{A}_u$、源电压放大倍数 $\dot{A}_{us}$、输入电阻 R_i 和输出电阻 R_o,讨论分析工作点对三极管放大电路动态指标的影响。

输入电阻、输出电阻的测量原理及方法可以参见第 1 章 1.4.3 节内容。

表 2-10-2 静态工作点变化对放大电路性能的影响数据记录表

静态工作点电流 I_{CQ}/mA		1	2
输入端接地	U_{BQ}/V		
	U_{CQ}/V		
	U_{EQ}/V		
输入信号 $U_i = 15$ mV(峰峰值)	U_s/mV(峰峰值)		
	U_o/V(峰峰值)		
	U_o'/V(空载)(峰峰值)		
计算值	U_{BEQ}		
	U_{CEQ}		
	$\dot{A}_u = \dfrac{U_o}{U_i}$		
	$\dot{A}_{us} = \dfrac{U_o}{U_s}$		
	$R_i = \dfrac{U_i}{U_s - U_i} R_s$/kΩ		
	$R_o = \dfrac{U_o' - U_o}{U_o} R_L$/kΩ		

(2) 观察不同的静态工作点对输出波形的影响

① 适当加大输入信号幅度,改变 R_W 的阻值,使输出电压波形出现截止失真,画出失真波形,并将测量值记录于表 2-10-3 中。

② 适当加大输入信号幅度,改变 R_W 的阻值,使输出电压波形出现饱和失真,画出失真波形图,并将测量值记录在表 2-10-3 中。

表 2-10-3　不同静态工作点对输出波形的影响数值记录表

		截止失真	饱和失真	R_W 变化对失真的影响
测量值	U_{BQ}/V			
	U_{CQ}/V			
	U_{EQ}/V			
	波形			——
计算值	I_{CQ}/mA			
	U_{BEQ}/V			
	U_{CEQ}/V			

（3）测量放大电路的最大不失真输出电压

分别调节 R_W 和 U_s，用示波器观察输出电压 U_o 的波形，使输出波形为最大不失真正弦波（即饱和失真和截止失真几乎同时出现时）。测量此时静态集电极电流 I_{CQ} 和输出电压的峰峰值 U_{OPP}，将测量结果记录在表 2-10-4 中。

表 2-10-4　最大不失真输出时的参数值表

测量值	U_{BQ}/V	
	U_{CQ}/V	
	U_{EQ}/V	
	U_{OPP}/V	
计算值	I_{CQ}/mA	
	U_{BEQ}/V	
	U_{CEQ}/V	
	$R_1/k\Omega$	

4．测量注意事项

（1）静态工作点电流的测量方法

三极管放大电路静态电流的测量，一般不是直接用电流表串入电路测量，而是采用间接测量法。如图 2-10-2 所示的分压式偏置共发射极放大电路，需要测量其静态集电极电流时，可以用万用表直流电压挡测量发射极电阻 R_E 两端的电压，算出其发射极电流，也就近似为该电路的集电极电流 I_C。

如果是固定式偏置共发射极放大电路，没有发射极电阻，则可以通过测量集电极电阻

R_C 两端的直流压降,根据 $I_C = \dfrac{V_{CC} - U_C}{R_C}$ 算出其静态集电极电流 I_C。

(2) 三极管放大电路放大倍数的测量

放大倍数也叫增益,是三极管放大电路的重要指标之一,描述了放大电路在静态设置合理的基础上,电路对小信号的不失真放大能力。该指标虽然和输入的信号大小无关,但必须保证电路对输入信号能不失真的放大,输入信号的幅度不宜过大,也不宜过小,在保证不失真的前提下,信号幅度稍微大些测量的误差会小,在测量时必须用示波器观测输出信号没有出现失真。利用示波器或毫伏表等测量仪器,测量其输出、输入电压的幅值,也可以是峰峰值、瞬时值、有效值,输出与输入电压的比值就是放大电路的放大倍数。

由于放大电路的放大倍数和输入信号的频率有关(后续放大电路频率特性实验时会强调这个特性),所以在测量放大倍数时选择输入信号的频率既不能太高也不能太低,需要根据实验电路合理选择信号频率为中频段信号,如图 2-10-1 所示电路,选择正弦信号频率为 1 kHz 左右。

(3) 放大电路输入/输出电阻的测量

测量输入电阻时需要在信号源和放大电路之间串入一个电阻代替信号源内阻(此电阻也只有在测输入电阻时有必要存在),为了减小测量误差,该电阻阻值的选取应尽量和放大电路输入电阻大小相当,测量电阻两端电压时,可以用有效值、幅值或瞬时值,只要对应测量值都保证一致。

输出电阻的测量方法和输入电阻类似,尽可能使负载电阻和放大电路输出电阻大小相当,以减小测量误差。

(4) 放大电路失真的测量

由于共发射极放大电路是反相放大,输出波形和输入波形是倒相的,在测量放大电路输出波形是否失真时,为了对比方便,可以将示波器接到输出信号的通道设置为反相输入,通过微调示波器的幅度旋钮,使输出和输入信号接近重合,这样就可以比较方便地看到输出信号是否失真。

5. 常见故障及可能的原因

(1) 现象:调整上偏置电阻时,发射极电阻上的直流电压没有变化。

可能原因:电位器中心抽头没有接正确;电位器阻值选取不对。

(2) 现象:发射极电阻上的电压正确,但集电极电位偏离设计值很多,接近电源电压或接近发射极电位。

可能原因:集电极电阻选择的不对。

(3) 现象:工作点设置正常,但输出波形出现顶部、底部失真。

可能原因:输入信号幅度偏大。

(4) 现象:负载是否接入电路,对输出信号幅度几乎没有影响。

可能原因:负载电阻取值过大,或输出耦合电容没有接正确。

（5）现象：工作点正常，放大倍数很小，与设计值偏差太大。

可能原因：发射极旁路电容没有接对，或负载电阻取值过小。

四、设计指导

三极管放大电路设计提示，电路结构如图 2-10-1 所示，R_1，R_2，R_C，R_E 如何确定？

（1）利用万用表或者晶体管测量仪测量三极管 9013 的 β 值。

利用数字万用表或指针式万用表都可以方便地测出三极管的 h_{FE}（β 值）。将数字或指针式万用表置于 h_{FE} 挡位，9013 是 NPN 型管，将 9013 的各引脚插入标注 NPN 相应的插孔中，此时会显示出被测管 9013 的 h_{FE} 值。

（2）对于图 2-10-1 中的偏置电路，由理论分析可知：当满足 R_2 支路中的电流 $I_2 \gg I_{BQ}$，以及 $U_{BQ} \gg U_{BE}$ 时，才能较好地保证工作点的稳定。

以图 2-10-1 为例，如果电源电压为 12 V，三极管选用 9013，负载电阻 $R_L = 3\ \text{k}\Omega$，为了保证放大电路的增益不太小，同时也便于测量输出电阻值，取 $R_C = 3\ \text{k}\Omega$。由于是小信号放大，所以 I_{CQ} 一般取 $0.5 \sim 2$ mA，如果 $I_{CQ} = 2$ mA，再考虑有变化的电流 i_c 预估为 1 mA，则 R_E 最大只能取：

$$R_E = \frac{V_{CC} - U_{CES}}{I_{CQ} + i_c} - R_C \approx \frac{12}{3} - 3 = 1\ \text{k}\Omega$$

R_2 的估算方式：

如果按照 $I_2 = (5 \sim 10) I_{BQ}$，则

$$R_2 = \frac{U_{BQ}}{I_2} = \frac{U_{EQ} + U_{BEQ}}{(5 \sim 10) I_{BQ}} = \frac{\beta(U_{EQ} + U_{BEQ})}{(5 \sim 10) I_{CQ}}$$

三极管参数的离散性比较大，其中 β 值由几十到几百各不相同。为了满足电路性能，可以假定所用的三极管 $\beta = 100$，并以 $I_{CQ} = 2$ mA、$I_2 = 10 I_{BQ}$ 代入上式估算，则

$$R_2 = \frac{100 \times (2 \times 1 + 0.6)}{10 \times 2} = 13\ (\text{k}\Omega)$$

所以取 $R_2 = 10\ \text{k}\Omega$。

上偏置电阻 R_1 比 R_2 要大，可以用一个 $10\ \text{k}\Omega$ 电阻串联一个可调电阻 R_W 来实现。

输入耦合电容 C_1、输出耦合电容 C_2，以及发射极旁路电容 C_E 对放大电路的低频特性有影响，且以发射极旁路电容 C_E 的影响更大。电容值越大，放大电路的低频截止频率越低。C_1、C_2、C_E 一般都选择电解电容，容量在几十微法到几百微法之间，C_E 的取值比 C_1、C_2 更大些。详细内容可以参考实验 2.11——三极管放大电路频率特性的测量与研究。

（3）电压放大倍数

$$\dot{A}_u = \frac{u_o}{u_i} = -\frac{\beta R_L'}{r_{be}} = -\frac{\beta R_L'}{r_{bb}' + (1+\beta) r_e} = -\frac{\beta R_C \mathbin{/\!/} R_L}{(100 \sim 300) + (1+\beta)\dfrac{26}{I_{CQ}}}$$

该表达式表明:电路的电压放大倍数和三极管的静态工作点有关,不同的静态电流 I_{CQ},得到的放大倍数也将不一样。

（4）源电压放大倍数

$$\dot{A}_{us} = \frac{u_o}{u_s} = \frac{u_i}{u_s} \times \frac{u_o}{u_i} = \frac{R_i}{R_s + R_i} \dot{A}_u$$

该表达式表明:电路的源电压放大倍数除了和电压放大倍数有关外,还与放大电路的输入电阻有关。输入电阻越大,源电压的放大倍数也越大。

（5）输入电阻

$$R_i = r_{be} \; /\!/ \; R_1 \; /\!/ \; R_2 = \left[(100 \sim 300) + (1+\beta) \frac{26}{I_{CQ}} \right] /\!/ \; R_1 \; /\!/ \; R_2$$

该表达式表明:三极管放大电路的输入电阻与三极管的静态工作点有关,还与分压式偏置电阻的参数选择有关。所以在满足电路设计要求的前提下,偏置电阻阻值也应该尽量选择偏大些,以降低对输入电阻的影响。

（6）输出电阻

$$R_o = r_o /\!/ R_C \approx R_C$$

该表达式表明:放大电路的输出电阻主要由三极管集电极电阻确定。

（7）如何查看 Multisim 中 9013 模型的 β 值

① 第一步,双击 9013,打开如图 2-10-7 所示界面。

图 2-10-7　Multisim 中 9013 的模型界面

② 第二步,点击如图 2-10-7 所示界面中的"Edit Model",弹出如图 2-10-8 中的 Edit Model 界面,BF 对应的为 9013 的 β 值=200。其他参数的查看方式类似。

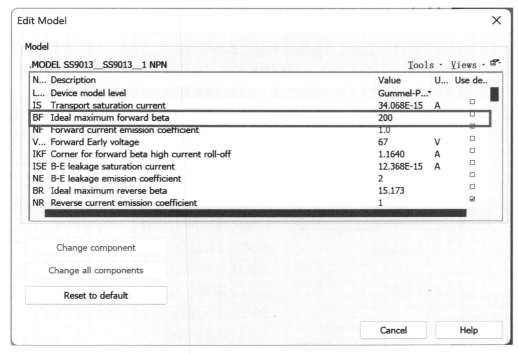

图 2-10-8　Multisim 中 9013 的模型参数

(8) 如何在 Multisim 中创建 9013

查看对应的二维码可以看到完整的创建过程。

创建 9013
模型过程

2.11　三极管放大电路频率特性的测量与研究

一、实验目的

(1) 理解三极管放大电路频率特性的基本概念;

(2) 理解三极管放大电路频率特性的测量方法;

(3) 掌握三极管放大电路频率特性的逐点测量法;

(4) 理解三极管放大电路参数对高频与低频特性的影响。

三极管放大
电路频率特性
的测量与研究
（视频）

二、实验原理

1. 基本概念

放大电路的频率特性是指放大电路的放大倍数与信号频率的关系,包括放大倍数的幅值与信号频率的关系,也叫幅频特性;放大倍数的相位与信号频率的关系,也叫相频特性。

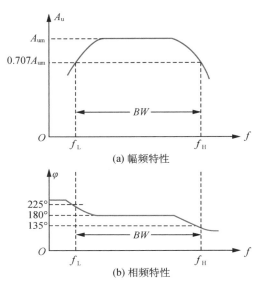

图 2-11-1　放大电路的频率特性

（1）幅频特性

一般 RC 耦合放大电路的幅频特性如图 2-11-1(a)所示,从幅频特性曲线上可以看出,放大电路的频率特性可以分成 3 个区域,分别叫做中频区、低频区和高频区。中间比较平坦的区域叫中频区,左边频率相当低的区域叫做低频区,低频区与中频区的分界点叫下限截止频率 f_L;右边相对频率较高的区域叫高频区,高频区与中频区的分界点叫上限截止频率 f_H。上限频率与下限频率的差值 $f_H - f_L = BW$,叫放大电路的频带宽度,也叫带宽。

（2）相频特性

RC 耦合放大电路的相频特性如图 2-11-1(b)所示,从相频特性曲线上可以看出,该放大电路在中频区已经有 180° 的相位差,也就是反相放大,而在低频区和高频区,又在原有 180°相位基础上增加了附加相位,分别为超前移相和滞后移相。

（3）频率特性波特图表示

如果把放大倍数用分贝(dB)表示,频率用 10 倍频线性表示,可以得到放大电路频率特性的折线表示方式,也叫波特图表示法,其同相放大电路的幅频特性和相频特性波特图表示法如图 2-11-2 所示。

2. 分压式偏置共发射极放大电路的频率特性

以 NPN 三极管 9013 为核心构成的分压式偏置共发射极放大电路如图 2-11-3 所示。

（1）低频特性

9013 数据手册

在 2.10 实验过程中,要求输入信号的频率不能太高也不能太低,一般选择在 1 kHz 左右,也就是在中频区。当输入信号频率逐渐降低时,由于电容的容抗与信号频率成反比,使原来在中频区可以认为对交流信号短路的输入耦合电容 C_1、输出耦合电容 C_2,以及射极旁路电容 C_E 要呈现出阻抗特性,导致放大电路的输出信号受信号频率的影响,出现了放大电路的低频特性。

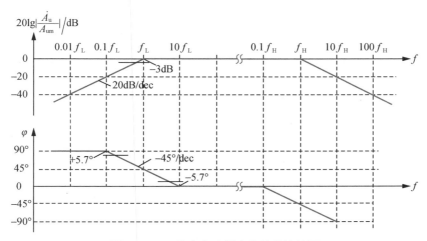

图 2-11-2　放大电路频率特性的波特图

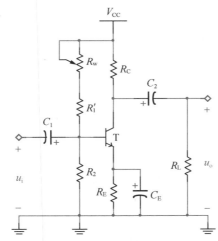

图 2-11-3　分压式偏置共发射极放大电路

（2）高频特性

由于三极管的极间电容如 $C_{b'c}$、$C_{b'e}$，以及电路分布电容等一些容量较小的电容，原来在中频区可以按开路处理，但随着信号频率的增大，也将呈现出容抗效应，导致放大电路的输出信号将随着输入信号频率的变化而变化，呈现出放大电路的高频特性。

三、实验内容

1. 实验要求

以图 2-11-4 电路为例，采用两种不同的测量方法，完成放大电路频率特性的测量，并通过实验研究电路参数对频率特性的影响。

频率特性的测量方法一般有逐点测量法和扫频仪测量法。（具体测量方法见第一章

三极管放大
电路频率
特性的测量
与研究
（视频）

1.4.4 节）

2. 仿真实验

电路如图 2-11-4 所示，通过调整上偏置电阻中的电位器 R_{W}，使发射极电阻上的电压约为 2 V，即三极管静态工作点电流 $I_{\mathrm{C}} = 2\ \mathrm{mA}$。

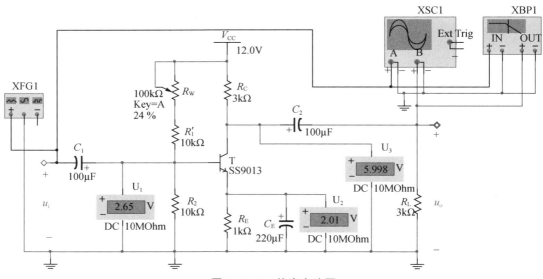

图 2-11-4　仿真电路图

逐点测量法：将信号源接到放大电路的输入端，用双通道示波器分别连接信号源和放大电路的输出端。选择一个合适的信号幅度并固定不变，通过不断改变输入信号的频率，测量输出信号的幅度变化并计算出增益，测量输出信号与输入信号的相位差，画出增益值、相位差随频率变化的规律，得到放大电路的幅频特性曲线及相频特性曲线。

扫频仪测量法：将放大电路的输入端接信号源，同时连接到波特图测试仪的输入端，放大电路的输出端连接到波特图测试仪的输出（注意：仿真和实物的连接方式不同，实物扫频仪不需要信号源，实物扫频仪的输出端要连接放大电路的输入端，实物扫频仪的输入端连接到放大电路的输出端），合理设置相关参数，选择需要显示的是幅频特性还是相频特性，就可以得到完整的频率响应特性曲线，如图 2-11-5 所示。

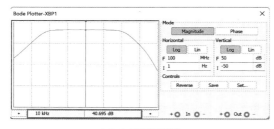

（a）中频幅频特性

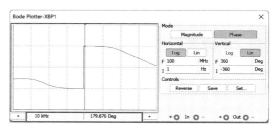

（b）中频相频特性

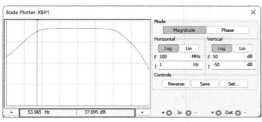

（c）低频幅频特性　　　　　　　　　　　　　（d）低频相频特性

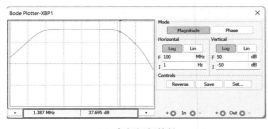

（e）高频幅频特性

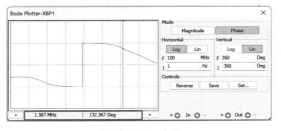

（f）高频相频特性

图 2-11-5　频率响应特性曲线

注：中频区相位由 $-180°$ 跳变到 $+180°$ 只是测量计算问题，不影响测量结果。

3. 电路实验

电路按照图 2-11-4 所示正确连接，元器件参数和实验 2.10 一致，确保正确无误，调整电源值为 12 V，调整 R_W，使静态集电极电流 $I_{CQ}=2\ mA$。

（1）逐点法测量放大电路的频率特性

选择合适的输入信号幅度，确保在整个测量过程中，放大电路能够不失真放大，输入信号幅度不变，通过调整不同的信号频率，测量输出信号幅度。将实验数据记录在表 2-11-1 中，并计算得到的增益值，画出该放大电路的幅频特性曲线。（注意：输入、输出选用一致的电压，如峰峰值、峰值、有效值、瞬时值等）

表 2-11-1　逐点法测量放大电路的频率记录表（$C_E=220\ \mu F$）

f/kHz	$f_1=$	$f_2=$	$f_L=$	$f_3=$	$f_M=$	$f_4=$	$f_H=$	$f_5=$	$f_6=$
u_i/mV									
u_o/V									
A_u									

注意：f_L 为下限截止频率，f_H 为上限截止频率，f_M 为中频区频率，以下雷同。

（2）扫频仪测量放大电路的频率特性

利用扫频仪测量放大电路的幅频特性曲线，并通过扫频仪的游标设置，直接读出放大电路的上、下限截止频率，将测量数据填入表 2-11-2 中。

稳压电源
使用说明书

信号源使用
说明书

数字示波器
使用说明书

表 2-11-2　扫频仪法测量放大电路的截止频率记录表

$f_L=$	$f_M=$	$f_H=$

EPI 使用
说明书

（3）研究放大电路参数对频率特性的影响

由理论分析可知,图 2-11-3 所示共发射极放大电路的低频响应是由耦合电容 C_1、C_2,及射极旁路电容 C_E 决定的,尤其是 C_E 对电路的下限频率影响更大。以改变 C_E 为例,如果把电路中的 C_E 由原来的 220 μF 改为 33 μF,再测量该电路的频率特性,将测量数据记录在表 2-11-3 中,分析研究电路参数对电路性能的影响。改变 C_1、C_2 对电路频率特性影响的实验方法类同,可以自行完成。

扫频仪使用
说明书

表 2-11-3　参数改变对电路频率特性的影响($C_E=33\ \mu F$)

f/kHz	$f_1=$	$f_2=$	$f_L=$	$f_3=$	$f_M=$	$f_4=$	$f_H=$	$f_5=$	$f_6=$
u_i/mV									
u_o/V									
A_u									

4. 常见故障及可能的原因

（1）现象:放大电路的放大倍数很小,且其下限截止频率也很低。

可能原因:由于电路中的射极旁路电容 C_E 没有连接好而开路。

（2）现象:电路的下限截止频率明显偏高。

可能原因:电容 C_1、C_2 或 C_E 取值有误,偏小了。

四、设计指导

如图 2-11-3 所示的共发射极放大电路,其频率特性可以分为 3 段分析,分别是中频区、低频区和高频区。不同的区域主要是由电路中的容抗随频率变化的特性确定的:低频区主要由耦合电容和射极旁路电容影响,高频区主要是由三极管极间电容和电路的分布电容影响,而中频区就是把电路中的所有电容效应取消得到的特性。

1. 三极管放大电路的低频特性

图 2-11-3 电路的低频特性主要由电容 C_1、C_2、C_E 影响,可以分别分析每个电容所在回路的时间常数 τ,时间常数 τ 的倒数再除以 2π 即为由该电容影响的截止频率。

如只考虑 C_1 时:$\tau_{L1}=(R_B//r_{be}+R_s)C_1$

只考虑 C_2 时:$\tau_{L2}=(R_C+R_L)C_2$

只考虑 C_E 时:$\tau_{L3}=\left(R_E//\dfrac{R_s'+r_{be}}{1+\beta}\right)C_E$

其中,$R_B=R_1//R_2$,$R_s'=R_s//R_B$。

由此可见,在电容量取值相当的情况下,发射极旁路电容 C_E 所对应的时间常数值最小,也即电容 C_E 对电路的下限截止频率影响最大,所以在电路设计时,射极旁路电容的容值一般要选择比耦合电容大。

一般在工程估算时,如果最高的截止频率比次高的截止频率高 4 倍以上,就可以用最高的频率认为是电路的下限截止频率。

2. 三极管放大电路的高频特性

与低频特性分析类似,图 2-11-3 电路的高频特性所对应的时间常数为:

$$\tau_H = [(R_s \parallel R_B + r_{bb'}) \parallel r_{b'e}] C_M$$

其中,$C_M = C_{b'e} + C_{Ml} = C_{b'e} + g_m \cdot R'_L C_{b'c}$

所以该电路的上限截止频率为:

$$f_H = \frac{1}{2\pi \tau_H}$$

由此可见,为了提高放大电路的上限截止频率,除了要选择极间电容小的高频三极管,还可以考虑采用组合电路的方式,如共射—共基组合电路,以降低密勒效应对电路的影响,提高上限截止频率。

高频特性除了受到器件参数、电路结构等的影响外,电路板的布局布线及 PCB 板基材料等对电路的高频特性也有较大的影响,在设计高频放大电路时要引起重视。

2.12　多级放大电路及负反馈特性的研究

一、实验目的

（1）了解多级放大电路各种耦合方式的特点；
（2）理解多级放大电路每个单级的作用；
（3）掌握多级放大电路特性的测量方法,放大倍数、输入电阻、输出电阻、频率特性等；
（4）掌握负反馈对放大电路性能的影响分析及测量方法。

多级放大电路
与负反馈特
性的研究
（PPT）

二、实验原理

1. 基本概念

在许多应用场合,要求放大电路有较高的放大倍数、合适的输入和输出电阻及频率特性,而单级放大器的性能不一定满足要求,需要将多个基本放大器级联起来,构成多级放大电路。由于每种基本组态放大器的性能不同,在构成多级放大电路时,应充分利用它们的特点,合理组合,用相对少的级数来满足放大倍数、输入和输出电阻、频带宽度等的要求。

2. 耦合方式

多级放大电路各级之间的连接称为耦合,常用的耦合方式有三种:电容耦合、变压器耦合和直接耦合。各种耦合方式各有其特点及使用场合。级间耦合时,一方面要确保各级放大器有合适的直流工作点,另一方面要保证级与级之间的合理匹配,保证信号能比较顺利的传递,一般情况下应使前级输出信号尽可能多地传送到后级输入。因此在设计电路时要选择合适的级间耦合方式。

(1)电容耦合

电容耦合也叫阻容耦合,指基本单级放大电路之间采用电容实现级间的信号传递,是分立器件构成的组合放大电路中最常用的一种方式,如图 2-12-1 所示,其中 C_1、C_2、C_3 为耦合电容。

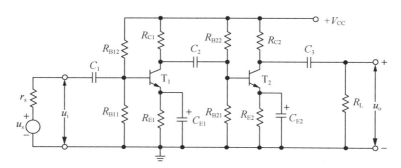

图 2-12-1　阻容耦合多级放大电路

阻容耦合方式的主要优点是:每级放大电路的静态工作点相互独立,多级放大电路的静态工作点设置比较容易,只需要对每级分别设置就可满足要求。

阻容耦合方式存在的缺点是:由于每级之间以电容进行耦合,而电容的容抗随频率的降低而增大,甚至会隔断直流,因此阻容耦合放大电路不能放大直流信号,并且当信号频率较低时其放大倍数也会下降。另外由于耦合容值很大,很难实现集成。

(2)变压器耦合

变压器耦合是指单级放大器之间采用变压器实现信号的传递,如图 2-12-2 所示。图中变压器 T_{r1} 将第一级放大电路的输出信号耦合到第二级放大电路的输入,而变压器 T_{r2} 则将第二级放大电路的输出信号传输给负载电阻。

变压器耦合具有的主要优点是:每级放大电路的静态工作点相互独立;利用变压器的阻抗变换性质可以实现放大电路级与级之间的阻抗匹配,使得后级或负载上得到较大的功率。

变压器耦合存在的缺点是:变压器无法实现集成;对于低频和高频信号的放大效果都不理想。

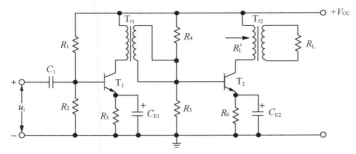

图 2-12-2　变压器耦合多级放大电路

（3）直接耦合

直接耦合是指将前一级的输出直接连接到后一级作为输入的耦合方式，如图 2-12-3 所示。

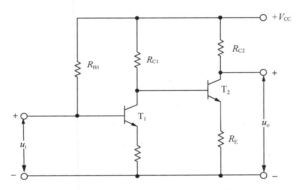

图 2-12-3　直接耦合多级放大电路

直接耦合是集成电路中采用最多的一种级间耦合方式，由于电路中没有电容及变压器，因此直接耦合具有的主要优点有：电路易于实现集成化；既能放大交流信号，又能放大直流或变化缓慢的信号。

但直接耦合也存在一些缺点：各级之间的直流工作点相互影响，放大电路的直流工作点设置不仅与每级的直流工作点有关，还需考虑相互间的影响；容易产生零点漂移。

3. 多级放大电路性能指标的测量

（1）放大倍数

多级放大电路放大倍数的测量方法和单级放大倍数的测量类似，只要测量出输出信号和输入信号的比值，即为多级放大电路的放大倍数。

由于多级放大电路是由多个单级放大电路耦合而成的，所以多级放大电路总的电压放大倍数也可以表示为每个单级放大倍数的乘积。

即 $\dot{A}_{u}$ 可表示为：

$$\dot{A}_{u}=\frac{u_{o}}{u_{i}}=\frac{u_{o1}}{u_{i}} \cdot \frac{u_{o2}}{u_{o1}} \cdot \cdots \frac{u_{o}}{u_{o(n-1)}}=\dot{A}_{u1} \cdot \dot{A}_{u2} \cdots \dot{A}_{un} \qquad (2.12.1)$$

也可以用分贝表示，即总的电压放大倍数（分贝值）等于每个单级放大倍数（分贝值）之和。

$$A_u(\mathrm{dB}) = A_{u1}(\mathrm{dB}) + A_{u2}(\mathrm{dB}) + \cdots + A_{un}(\mathrm{dB}) \tag{2.12.2}$$

注意：测量每个单级放大倍数时不能把前后级断开，要级联在一起时测量。

（2）输入电阻

多级放大电路的输入电阻即为第一级放大器的输入电阻，测量方法与单级放大电路输入电阻的测量方法类似。

（3）输出电阻

多级放大器的输出电阻即为最末级放大器的输出电阻，测量方法与单级放大电路输出电阻的测量方法类似。

（4）频率特性

多级放大电路的频率特性测量方法与单级放大电路频率特性测量方法类似，也有逐点测量法和扫频仪测量法，测量出上限截止频率 f_H 和下限截止频率 f_L，则放大电路的频带宽度为：

$$BW = f_H - f_L \tag{2.12.3}$$

三、实验内容

多级放大电路与负反馈特性的研究（视频）

1. 实验要求

图 2-12-4 所示电路是由共源（CS）－共射（CE）－共集（CC）构成的电容耦合三级放大电路，完成以下基本性能的测量：

（1）各级静态工作点的测量；

（2）测量各级放大倍数及电路总放大倍数；

（3）测量放大电路的频率特性；

（4）引入负反馈后放大电路性能的测量及分析对比。

9013
数据手册

2N5485
数据手册

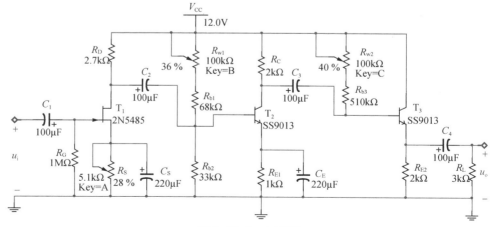

图 2-12-4　电路图

2. 仿真实验

（1）静态工作点的测量

电路如图 2-12-4 所示，第一级共源放大电路采用的是自给式偏压，可以适当调整源极电位器 R_S 改变其静态工作点；第二级是分压式偏置共发射极放大电路，通过调整上偏置电阻中的电位器 R_{w1}，可以使静态工作点达到设计值；第三级是固定偏置方式的共集电极放大电路，可以通过调整偏置电路中的 R_{w2}，使该电路的工作点达到设计值。

由于该多级放大电路采用的是电容耦合方式，每级静态工作点相互独立互不影响。静态工作点电流可以通过测量漏极电阻、发射极电阻两端的电压值换算获得。

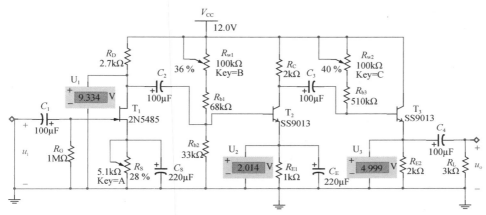

图 2-12-5　静态工作点的测量电路图

图 2-12-5 中，输入端接地，电压表 U_1、U_2、U_3，分别为第一级的漏极电位、第二级发射极电阻两端的电压值和第三级发射极电阻两端的电压值，通过计算可得，其静态工作点电流分别为：1 mA、2 mA 和 2.5 mA。

（2）动态性能测量

利用 4 通道示波器，分别测量输入端和每个单级的输出端信号，如图 2-12-6(a)所示。

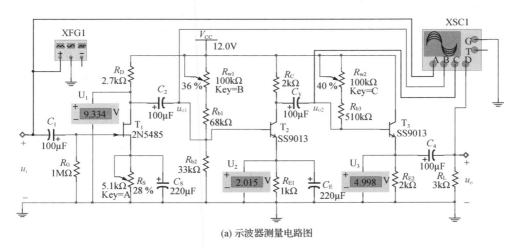

(a) 示波器测量电路图

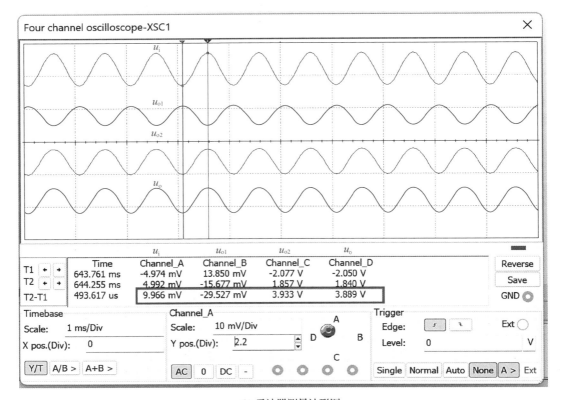

(b) 示波器测量波形图

图 2-12-6　动态性能测量

图 2-12-6(b)中,通道 A 为输入信号 u_i,是峰值为 5 mV,频率为 1 kHz 的正弦信号,通道 B 为共源极的输出端信号 u_{o1},通道 C 为共发射极的输出端信号 u_{o2},通道 D 为共集电极的输出端信号 u_o。由此可以分别测量计算出每级的放大倍数及电路总的放大倍数。

利用波特图测试仪可以测量出该多级放大电路的幅频特性和相频特性曲线,如图 2-12-7 所示。

如果在图 2-12-4 所示电路中引入交流电压串联负反馈,注意去掉电容 C_S,构成如图 2-12-8 所示电路。通过仿真测量可以得到其放大倍数和频率特性发生明显的变化,如图 2-12-9 和图 2-12-10 所示。

由仿真实验可以看出,引入电压串联负反馈后,放大电路总的电压放大倍数变小了,而频带宽度增大了,与负反馈放大电路的理论分析结论一致。

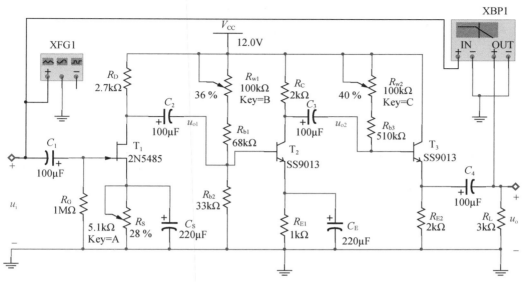

(a) 波特仪测量图

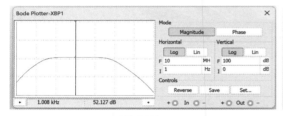

(b) 幅频特性

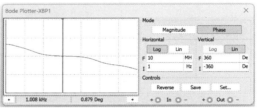

(c) 相频特性

图 2-12-7　波特图测试仪测量结果

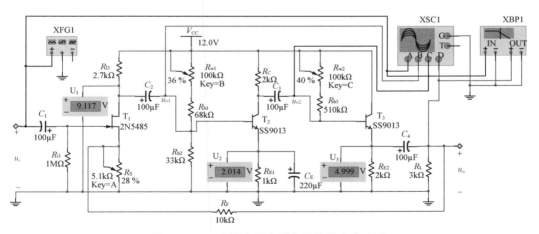

图 2-12-8　交流电压串联负反馈仿真电路图

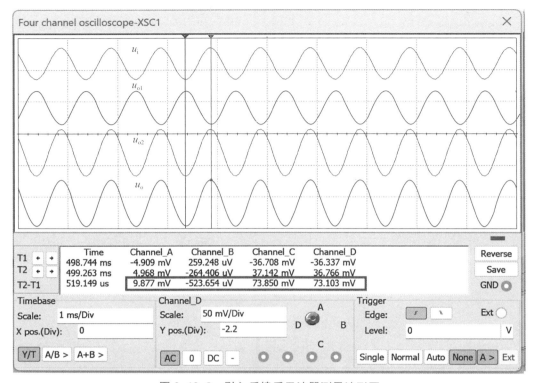

图 2-12-9　引入反馈后示波器测量波形图

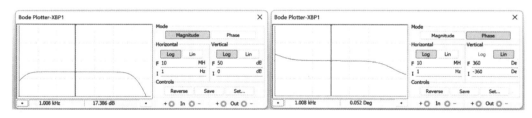

（a）幅频特性　　　　　　　　　　　（b）相频特性

图 2-12-10　引入反馈后波特仪测量结果

3. 电路实验

（1）静态工作点的测量

按照图 2-12-4 所示正确连接电路,通过调整电路参数,使电路的静态工作点满足设计要求,完成表 2-12-1 数据的测量。

表 2-12-1　静态工作点测量记录表

设计值	$I_{DQ}=1\ \text{mA}$		$I_{CQ2}=2\ \text{mA}$		$I_{CQ3}=2.5\ \text{mA}$	
测量数据	$U_{DQ}=$	V	$U_{CQ2}=$	V	$U_{CQ3}=$	V
	$U_{SQ}=$	V	$U_{EQ2}=$	V	$U_{CQ3}=$	V
	$I_{DQ}=$	mA	$I_{CQ2}=$	mA	$I_{CQ3}=$	mA

（2）放大倍数的测量

利用示波器测量每级与总的电压放大倍数，测量数据填写到表 2-12-2 中。讨论分析电路总的放大倍数和每个单级放大倍数之间的关系。注意：测量每个单级放大电路数据时前后级电路不能断开。

表 2-12-2　放大倍数测量记录表

放大倍数	第一级（CS）	第二级（CE）	第三级（CC）	总放大倍数
测量数据	$U_{i1}=$　　mV	$U_{i2}=$　　mV	$U_{i3}=$　　mV	$U_i=U_{i1}$
	$U_{o1}=$　　mV	$U_{o2}=$　　mV	$U_{o3}=$　　mV	$U_o=U_{o3}$
放大倍数	$A_{u1}=$　　倍	$A_{u2}=$　　倍	$A_{u3}=$　　倍	$A_u=$　　倍
	$A_{u1}=$　　dB	$A_{u2}=$　　dB	$A_{u3}=$　　dB	$A_u=$　　dB

（3）频率特性的测量

利用逐点测量法或扫频仪测量法，测量该多级放大电路的频率特性，将测量数据记录于表 2-12-3 中，画出放大电路的频率特性波特图，分析计算该多级放大电路的增益带宽积。

表 2-12-3　放大电路频率特性测量数据记录表

f/kHz	$f_1=$	$f_2=$	$f_L=$	$f_3=$	$f_M=$	$f_4=$	$f_H=$	$f_5=$	$f_6=$
U_i/mV									
U_o/V									
A_u									

（4）引入负反馈对放大倍数影响的测量

在图 2-12-4 所示的多级放大电路基础上引入电压串联负反馈，构成图 2-12-8 所示电路。将测量相关点的信号电压记录在表 2-12-4 中，研究分析负反馈对放大电路放大倍数的影响。注意：引入负反馈时，原来在源极的旁路电容要断开。

表 2-12-4　引入负反馈后放大倍数测量数据记录表

测量数据	$U_i=$　　mV	$U_o=$　　mV
放大倍数	$A_{uf}=$　　倍	
	$A_{uf}=$　　dB	

（5）引入负反馈对频带宽度影响的测量

引入负反馈后，将放大电路频率特性测量数据记录在表 2-12-5 中，画出幅频特性波特图，研究分析负反馈对放大电路频率特性的影响，计算反馈放大电路的增益带宽积。

表 2-12-5　引入负反馈后放大电路频率特性测量数据记录表

f/kHz	$f_1=$	$f_2=$	$f_\text{L}=$	$f_3=$	$f_\text{M}=$	$f_4=$	$f_\text{H}=$	$f_5=$	$f_6=$
U_i/mV									
U_o/V									
A_u									

4. 实验注意事项

(1) 电路布局要合理,按照信号流向,从左到右,规范连接。

(2) 电路的调试过程一般是先分级调试,再级联调试,最后进行整个电路的调试与性能指标测试。

(3) 分级调试又分为静态调试与动态调试。静态调试时,将输入端对地短路,用万用表测量相关点的直流电压。动态调试是指输入端接入规定的信号,用示波器观测该级输出波形,并测量各项性能指标是否满足设计要求,如果相差很大,应检查电路是否接错,元器件数值是否合乎要求。

(4) 单级电路调试时的技术指标比较容易达到,但进行级联时,由于级间相互影响,可能使单级的技术指标发生很大变化,甚至两级不能进行级联。产生问题的主要原因:一是布线不合理,形成级间交叉耦合,应考虑重新布线;二是级联后各级电流都要流经电源,导致对某一级可能形成正反馈,可以在电源布线上连接去耦电路,一般用几十微法电解电容与 $0.1~\mu\text{F}$ 无极性电容相并联。

(5) 测量总放大倍数和各级放大倍数之间的关系时,电路的前后级不能断开,都是在级联工作正常时完成数据的测量。

5. 常见故障及可能的原因

(1) 现象:第一级共源电路的静态工作点达不到设计值。

可能原因:由于电路采用的是自给式偏置方式,静态工作点与所用场效应管的参数有较大关联,可以适当调整源极电阻值,也可以采用其他偏置电路方式设计电路,如混合式偏置电路;也可以按照自己设计的电路参数,测量出相应的工作点电流值。

(2) 现象:测量的放大电路总增益和每个单级增益的关系与理论计算值不符。

可能原因:测量每个单级增益时后级电路没有接入。

(3) 现象:接入负反馈电阻后,放大倍数几乎没有变化。

可能原因:第一级源极旁路电容没有去掉,或者反馈电阻阻值太大。

四、设计指导

1. 场效应管放大电路设计提示

(1) 图 2-12-11 所示为 N 沟道 JFET 组成的自偏压共源极放大电路,在静态时,因栅

极电阻 R_G 上的电流为零,所以 $U_G=0$,而漏极电流 I_D 流过 R_S 时产生电压 $U_S=I_D R_S$,于是栅源间的偏压为:

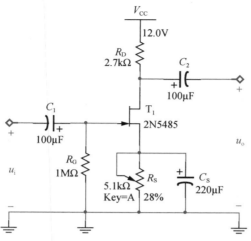

图 2-12-11　自偏压共源放大电路图

$$U_{GSQ}=-I_{DQ}R_S \tag{2.12.4}$$

由于 $U_{GS}<0$,靠管子自身的电流建立的这个偏压,只要调整 R_S 的取值,就能满足耗尽型场效应管的工作点要求,故称为自偏压电路。

(2)静态工作点分析

$$U_{GSQ}=-I_{DQ}R_S \tag{2.12.5}$$

$$I_{DQ}=I_{DSS}\left(1-\frac{U_{GSQ}}{U_{GS(off)}}\right)^2 \tag{2.12.6}$$

$$U_{DSQ}=V_{CC}-I_{DQ}(R_S+R_D) \tag{2.12.7}$$

查阅 JFET 器件数据手册,由典型的 $U_{GS(off)}$、I_{DSS} 值,就可得到 U_{GS}、I_D、U_{DS} 等参数,与测量值分析对比。

(3)交流电压放大倍数

由于在电路中有源极电容 C_S,其放大倍数表达式为:

$$\dot{A}_u=\frac{u_o}{u_i}=\frac{-g_m u_{gs}R'_L}{u_{gs}}=-g_m R'_L \tag{2.12.8}$$

如果没有源极电容 C_S,则有:

$$u_o=-g_m u_{gs}(R_D \mathbin{/\!/} R_L)=-g_m u_{gs}R'_L$$

$$u_i=u_{gs}+g_m u_{gs}R_S \tag{2.12.9}$$

$$\dot{A}_u=\frac{u_o}{u_i}=\frac{-g_m R'_L}{1+g_m R_S} \tag{2.12.10}$$

可见,共源极放大器为反相放大器。

（4）输入电阻 $\qquad R_i = R_G \qquad$ (2.12.11)

（5）输出电阻 $\qquad R_o = R_D \qquad$ (2.12.12)

2. 共发射极放大电路设计

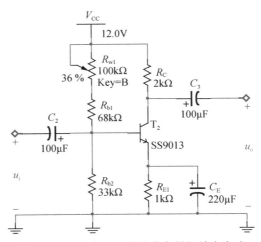

图 2-12-12　分压式偏置共发射极放大电路

参见实验 2.10 放大电路基本性能的测量。

3. 共集电极放大电路设计

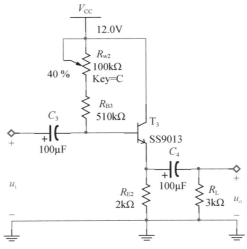

图 2-12-13　共集电极放大电路

（1）静态工作点

$$I_{EQ} = (1+\beta)I_{BQ} = (1+\beta) \cdot \frac{V_{CC} - U_{BEQ}}{R_{B3} + (1+\beta)R_{E2}} \qquad (2.12.13)$$

$$U_{CEQ} = V_{CC} - I_{EQ}R_{E2} \qquad (2.12.14)$$

（2）电压放大倍数

$$\dot{A}_{u}=\frac{u_{o}}{u_{i}}=\frac{(1+\beta)R_{E2}\ /\!/\ R_{L}}{r_{be}+(1+\beta)R_{E2}\ /\!/\ R_{L}} \tag{2.12.15}$$

当 $(1+\beta)R_{E2}/\!/R_{L}\gg r_{be}$ 时，$\dot{A}_{u}\approx 1$，故常称为射极跟随器。

（3）输入电阻　　　$R_{i}=R_{B3}\ /\!/\ [r_{be}+(1+\beta)R_{E2}\ /\!/\ R_{L}] \tag{2.12.16}$

（4）输出电阻　　　$R_{o}=\dfrac{(R_{B3}+R_{W2})\ /\!/\ R_{o2}+r_{be}}{1+\beta}\ /\!/\ R_{E2} \tag{2.12.17}$

4. 负反馈对放大器性能的影响

引入交流负反馈后，放大器的放大倍数将下降，其表达式为 $A_{f}=\dfrac{A}{1+AF}$。式中，F 为反馈网络的反馈系数，A 为无负反馈时的放大倍数。引入负反馈后通频带加宽，负反馈放大器的上限频率 f_{HF} 与下限频率 f_{LF} 的表达式分别为 $f_{HF}=(1+AF)f_{H}$ 和 $f_{LF}=\dfrac{f_{L}}{1+AF}$。引入负反馈还会改变放大器的输入电阻与输出电阻，其中并联负反馈能降低输入电阻，串联负反馈能提高输入电阻，电压负反馈使输出电阻降低，电流负反馈使输出电阻升高。

2.13　*RC* 振荡电路的设计

一、实验目的

（1）理解正弦波振荡电路的基本构成；
（2）掌握 *RC* 串并联振荡电路的特性；
（3）掌握振荡频率的调整及测量方法；
（4）了解振荡电路的各种稳幅措施。

RC 振荡电路
的设计
（PPT）

二、实验原理

1. 基本概念

正弦波振荡电路，也称为正弦波振荡器、正弦波发生器，作为信号源被广泛应用于通信、测量、自动控制等系统中，其功能是产生单一频率、幅度稳定的正弦波信号。

正弦波振荡电路的构成，包含有放大电路、反馈网络、选频网络和稳幅环节，其中选频网络是为了获得单一频率的正弦波信号，稳幅环节是为了有一个幅度稳定的输出波形。

根据选频网络选用元件的不同,正弦波振荡电路有不同的类型:由电阻 R 和电容 C 组成选频网络的振荡器称为 RC 正弦波振荡器;由电感 L 和电容 C 组成选频网络的振荡器称为 LC 正弦波振荡器,另外还有石英晶体振荡器等。

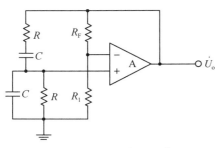

图 2-13-1　文氏电桥振荡器

RC 正弦波振荡器可分为 RC 串并联式、移相式电路等。其中 RC 串并联振荡器亦称为文氏电桥振荡器,它是应用广泛的 RC 振荡器,电路如图 2-13-1 所示。

由运放和电阻 R_F、R_1 组成的同相放大器作为振荡器的放大网络,振荡器反馈网络由 R、C 串并联网络组成,输出电压经 RC 串并联支路分压后,反馈到运放的同相输入端,该反馈网络也同时兼有选频网络的作用。由图 2-13-1 可见,R_F、R_1 及 RC 串联、并联支路构成一个 4 臂电桥,文氏电桥振荡器的名称由此得来。

2. RC 串并联振荡器特性分析

如图 2-13-2 所示的 RC 串并联电路构成了振荡电路的选频网络,也确定了该振荡器的输出频率。由电路分析基础可以得到,该网络具有的传输特性如公式(2.13.1)所示。

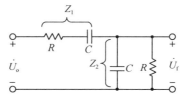

图 2-13-2　RC 串并联振荡器

$$\dot{F}(\omega) = \frac{\dot{U}_f}{\dot{U}_o} = \frac{Z_2}{Z_1 + Z_2} = \frac{R \mathbin{/\mkern-5mu/} \dfrac{1}{j\omega C}}{\left(R + \dfrac{1}{j\omega C}\right) + \left(R \mathbin{/\mkern-5mu/} \dfrac{1}{j\omega C}\right)} \tag{2.13.1}$$

$$= \frac{1}{3 + j\left(\omega RC - \dfrac{1}{\omega RC}\right)}$$

$$令: \omega_o = \frac{1}{RC} \tag{2.13.2}$$

$$则: \dot{F}(\omega) = \frac{\dot{U}_f}{\dot{U}_o} = \frac{1}{3 + j\left(\dfrac{\omega}{\omega_o} - \dfrac{\omega_o}{\omega}\right)} \tag{2.13.3}$$

由公式(2.13.3)可以得到 RC 串并联网络的幅频特性与相频特性如图 2-13-3 所示。

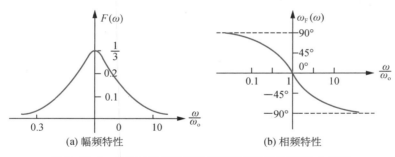

(a) 幅频特性　　　　　(b) 相频特性

图 2-13-3　*RC* 串并联网络的幅频特性和相频特性曲线图

由图 2-13-3 可知,当 $\omega=\omega_\circ$ 时,该 *RC* 串并联网络达到最大电压传输值 1/3,且此时该网络的附加相移角为 0°。

由运放及 R_F、R_1 构成的是同相放大电路,如图 2-13-4 所示。

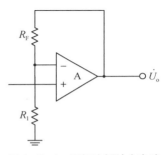

图 2-13-4　同相比例放大电路

同相放大电路的放大倍数为:$A=1+\dfrac{R_F}{R_1}$,其附加相移也为 0°,所以在 $\omega=\omega_\circ$ 处满足振荡的相位条件。

为了使振荡电路满足起振条件,即在 $\omega=\omega_\circ$ 处满足 $AF>1$,由于此时的 $F=\dfrac{1}{3}$,所以放大器的增益必须大于 3,即 $R_F>2R_1$;当振荡器处于稳定状态时,其环路增益必须满足 $AF=1$,放大器的增益为 3 倍,$R_F=2R_1$。所以一般情况下,R_F 的取值只需要略大于 $2R_1$。

3. 采用的稳幅措施

由上述分析可知,为了保证该 *RC* 串并联振荡器既能满足起振条件,又要满足平衡条件,对 R_F、R_1 电阻参数的选择尤为重要,仅仅改变阻值显然无法同时满足起振条件和平衡条件,所以一般会采用稳幅电路,以满足有稳定的正弦波输出。比如采用具有负温度系数的热敏电阻作为 R_F,当输出电压增大时,R_F 中流过的电流也随之增加,引起温度上升,导致 R_F 阻值减小,使放大倍数下降,从而由满足起振条件到满足平衡条件,输出稳定的正弦波。根据同样原理,也可以采用正温度系数的热敏电阻代替 R_1,来达到稳幅的目的。

另外有一种利用二极管来构成的稳幅电路,如图 2-13-5 所示。

电路工作原理为:利用二极管 D_1 和 D_2 正向导通电阻的非线性来自动调节电路的闭环放

μA741
数据手册

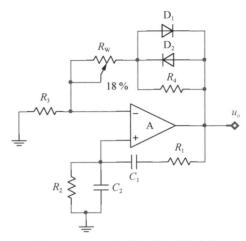

图 2-13-5　二极管构成的稳幅电路

大倍数,以稳定输出波形的幅值。当振荡刚刚建立时,输出信号振幅较小,流过二极管的电流较小甚至还没有导通,其等效电阻较大,负反馈比较弱,保证了起振时放大倍数比较大,使输出幅度逐渐增大;当输出信号振幅较大时,流过二极管的电流增大,等效电阻变小,负反馈加深,放大倍数变小,从而满足振荡的平衡条件,保证了输出幅度的稳定。

二极管两端并联的电阻 R_4 用于适当削弱二极管的非线性影响以改善输出波形的质量,电位器 R_W 用于调节负反馈深度,以确保满足起振条件并有效改善波形质量。

RC 振荡电路
的设计
(视频)

三、实验内容

1. 实验要求

利用 μA741 集成运算放大器构成 RC 串并联正弦波振荡电路,工作电压选用 ±12 V,电路如图 2-13-6 所示。

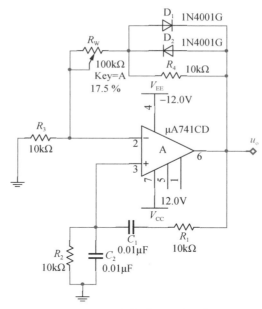

图 2-13-6　RC 串并联正弦波振荡电路

2. 仿真实验

利用 Multisim 软件,通过添加元器件、连线等操作把电路先连接好,利用示波器观测正弦波振荡电路的输出信号。

(1)调整可变电阻 R_W,观测输出波形

运行仿真软件,通过调整 R_W 可以看到,只有将 R_W 调整到合适的数值时,才能输出完整稳定的正弦波,如图 2-13-7 所示。而当 R_W 过大时,由于放大倍数过大,利用二极管的

非线性也无法使电路达到振荡的平衡条件,所以输出出现失真,如图 2-13-7(b)所示;而当 R_W 过小时,放大倍数偏小,电路不能满足起振条件,所以没有波形输出。

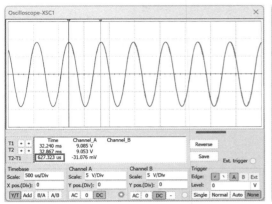 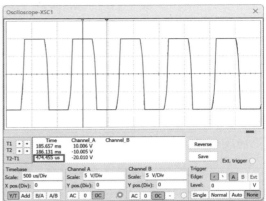

(a) 稳定正弦波　　　　　　　　　　　　　　　　　　(b) 失真

图 2-13-7　示波器仿真波形图

(2)测量输出正弦波频率

当电路工作时,在 R_W 约为 18% 时,输出正弦波幅度达到最大,信号波形如图 2-13-7(a)所示。

利用示波器的游标可以得到,该正弦波振荡电路的输出波形周期为 627.323 μs,即信号频率约为 1.59 kHz,而由理论计算可得,其振荡频率应该为:

$$f_o = \frac{1}{2\pi R_1 C_1} = \frac{1}{2 \times 3.14 \times 10 \times 10^3 \times 0.01 \times 10^{-6}} \approx 1.59\ \text{kHz}$$

输出正弦波的最大幅度约为 9 V。

(3)电路性能研究

通过调整 RC 串并联网络中不同的电阻、电容参数,分析研究正弦波振荡电路的输出信号频率与 R、C 参数的关系,是否与理论计算相吻合。

3. 电路实验

按图 2-13-6 所示电路正确连接,利用示波器通道 1 观察输出信号,检查无误后接通电源。

(1)调整电位器 R_W,输出一个稳定且幅度最大的不失真正弦波,将参数记录在表 2-13-1 中。

表 2-13-1　正弦波指标的测量记录表

指标	记录数据
输出信号频率理论值/kHz	
输出信号频率测量值/kHz	
最大不失真输出幅度/V	

稳压电源
使用说明书

（2）改变不同的电阻、电容参数，测量输出信号频率值，将数据记录在表 2-13-2 中，并与理论计算值对比。

表 2-13-2　不同的 *RC* 参数对应的正弦波指标测量记录表

指标	$R_1=R_2=10\ \text{k}\Omega$ $C_1=C_2=0.1\ \mu\text{F}$	$R_1=R_2=10\ \text{k}\Omega$ $C_1=C_2=0.2\ \mu\text{F}$
输出信号频率理论值/Hz		
输出信号频率测量值/Hz		
最大不失真输出幅度/V		

注：可以用两个 $0.1\ \mu\text{F}$ 的电容并联，构成 $0.2\ \mu\text{F}$。

数字示波器
使用说明书

（3）正弦波频率的测量方法

正弦波信号的频率测量，可以利用示波器测量周期来计算频率，有的示波器也可以直接读出信号频率值，除此以外，还可以利用"李沙育图形法"测量正弦波的频率，如图 2-13-8 所示，这种方法常用于低频信号频率的测量，其测量方法和步骤为：

ⅰ. 将被测信号接入示波器 CH2（Y）通道（或 CH1 通道）；

ⅱ. 将函数信号发生器输出的正弦信号送入示波器的 CH1（X）通道（或 CH2 通道）；

ⅲ. 示波器的工作模式设置在 X-Y 工作方式；

ⅳ. 调整函数信号发生器的频率和幅度，当在示波器上显示一个稳定的椭圆时，函数信号发生器的输出频率即为被测正弦波信号的频率。

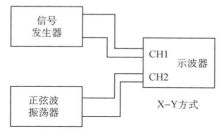

图 2-13-8　李沙育图形法测量正弦波频率的连接示意图

4. 常见故障及可能的原因

（1）现象：电路连接正确，加上电源后输出没有正弦波。

可能原因：负反馈回路中的可变电阻调整得不合适，电路没有起振。

（2）现象：输出波形出现顶部和底部削顶失真。

可能原因：负反馈回路中的可变电阻调整得不合适，阻值偏大。

（3）现象：输出正弦波的频率与理论计算值偏差很大。

可能原因：串并联网络中的电阻或电容参数选择有误。

（4）现象：输出的波形有半周出现削顶失真。

可能原因：两个二极管中有一个没有连接好导致断开，或其中一个接反了。

（5）现象：仿真实验时怎么调整都没有输出波形。

可能原因：需要外加一个触发信号，比如可以在电阻 R_3 两端并联一个开关，闭合一下后再断开，就有波形输出。

四、选做实验

1. 实验内容

参照上述实验内容，自行设计一个 RC 串并联振荡电路，输出正弦波频率为 800 Hz。

2. 实验要求

（1）设计电路并完成仿真测量；

（2）测量输出正弦波的频率与最大输出幅度；

（3）如何调整输出正弦波的频率，并和理论计算结果分析对比；

（4）其他特性的测量研究，如反馈网络中的可变电阻与振荡特性的关系以及与输出幅度的关系等。

五、设计指导

RC 串并联振荡电路的稳幅方式除了采用二极管导通电阻的非线性和热敏电阻以外，还可以利用结型场效应管的可变电阻特性，完成稳幅功能，电路如图 2-13-9 所示。

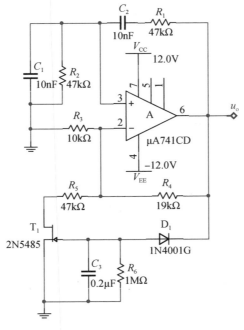

图 2-13-9　RC 串并联振荡电路的稳幅电路

图 2-13-9 所示的稳幅电路,利用了 JFET 工作在可变电阻区,其漏－源间等效电阻值的大小受栅－源电压控制的特性达到稳幅的目的。其中 T_1 为 N 沟道结型场效应管（N－JFET）,其栅－源电压 U_{GS} 受输出电压 u_o 的控制。当输出电压 u_o 的振幅较小时,二极管 D_1 不导通,所以 $U_{GS}=0$,T_1 管的漏－源间电阻最小,近似为短路,R_5 与 R_3 并联再与 R_4 构成负反馈,此时电路的放大倍数 $A=1+\dfrac{R_4}{R_3//R_5}$ 为最大,约为 3.3（起振条件是大于 3）,电路开始起振,输出的振荡幅度也会越来越大；随着输出 u_o 振幅的增大,D_1 将在 u_o 的负半周导通,在滤波电容 C_3 的作用下使 U_{GS} 变负,N 沟道结型场效应管 T_1 工作在可变电阻区。输出的振幅越大,相应的 U_{GS} 就越负,使 N-JFET 漏－源等效电阻值也随之增加,增强了电路中的负反馈,从而使电压增益下降,达到稳幅的目的。

2.14　功率放大电路的设计

功率放大
电路的设计
（PPT）

一、实验目的

（1）了解功率放大电路的基本结构和工作原理；
（2）理解 OCL 与 OTL 电路的区别及各自特点；
（3）掌握集成功放的性能参数及正确应用方法；
（4）掌握功放电路性能指标的测量方法。

二、实验原理

1. 基本概念

功率放大电路的任务是保证信号在允许失真的范围内,以尽可能高的转换效率,输出足够大的功率驱动负载（换能器）,功率放大电路在放大装置中的作用如图 2-14-1 所示。

图 2-14-1　放大装置示意框图

由于功率放大电路通常工作在大信号状态,所以它与小信号放大电路相比,有其本身的特点：

（1）要求输出足够大的功率

（2）电路转换效率要高

（3）非线性失真要小

（4）要考虑功率管的散热和保护问题

2．互补对称功率放大电路结构

（1）基本电路结构

图 2-14-2 所示为互补对称功率放大电路的基本结构，利用 NPN 管和 PNP 管的特性，在静态时两个管子都不导通，工作在乙类状态；而在有信号时，如果忽略 T_1、T_2 的开启压降，则两个三极管轮流导通，输出完整的信号。由于两个管子互补，轮流导通，故这种电路通常被称为互补对称推挽电路，也简称为 OCL（Output Capacitor Less）。

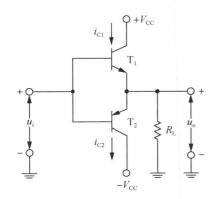

图 2-14-2　基本互补推挽电路

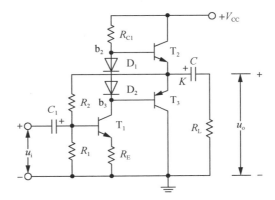

图 2-14-3　单电源功率放大电路

（2）单电源功率放大电路

图 2-14-3 所示为单电源功率放大电路，一般也称其为 OTL（Output Transformer Less）电路，其工作原理与 OCL 电路基本一致。由于是单电源供电，所以输出端电容的选择需要相对大，以保证电路的正常工作并有较好的频率特性。一般而言，对电容的选择需要满足：

$$C \geqslant \frac{1}{2\pi R_L f_L}$$

其中，R_L 为电路所带的负载电阻，f_L 为电路设计要求的下限截止频率。

正常工作时，通过调整偏置电阻 R_1 或 R_2，使输出的两个互补对称三极管的发射极到地的电压为电源电压的一半（中点电压），以保证电路输出可以达到最大动态范围。

（3）交越失真

互补推挽功率放大电路中，由于三极管开启电压的存在，在输入信号正、负半周交替过零处会出现非线性失真，也称其为交越失真，如图 2-14-4（a）所示，在输入信号较小时交越失真的影响尤为明显。

为了尽可能消除交越失真，需要对原乙类功率放大电路作适当改进，在互补对称的两个三极管发射结加上适当的偏置,使三极管静态时处于微导通状态,可以有效消除三极管的开启电压对电路特性的影响,如图 2-14-4(b)所示。由于三极管静态时已经有了一定的工作电流,严格意义上讲,电路已经由乙类工作状态转变为甲乙类工作状态,但为了分析方便,仍然可以当作乙类功放电路近似分析。

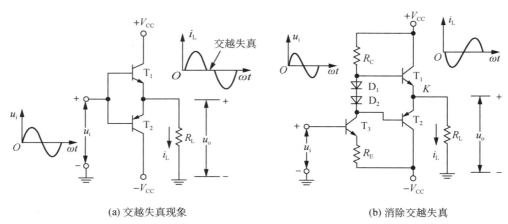

(a) 交越失真现象　　　　　　　　　　　　(b) 消除交越失真

图 2-14-4　交越失真

3. 集成功率放大器

集成功率放大器在中小功率放大场合有着广泛的应用,对应的器件也很多,如 LM386、LA4265、AN7112 等。

LM386 是一款常用的通用型集成功率放大器,特点是频响宽、功耗低、适用的电源电压范围宽,其详细参数及使用方法可以查阅器件数据手册,该器件广泛用于需要输出中小功率的音响设备中,如收音机、对讲机、随身听和录放机等。

LM386
数据手册

LA4265
数据手册

AN7112
数据手册

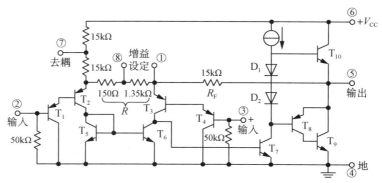

图 2-14-5　LM386 集成功率放大器内电路

LM386 的内部电路如图 2-14-5 所示,可以看出,其输出就是采用的具有克服交越失真的互补推挽功放电路结构。

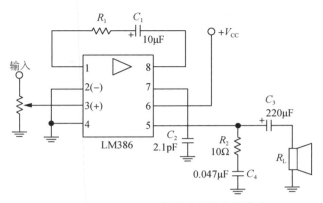

图 2-14-6　LM386 集成功放的应用电路

LM386 集成功放的应用方法与通用型集成运放基本相同,如图 2-14-6 所示,图中 R_1、C_1 是用来调节电路增益的,通过改变外接的电阻 R_1,集成功放的放大倍数可以在 20 倍到 200 倍之间变化,当 $R_1 = \infty$ 时,电压增益为 20 倍,而当 $R_1 = 0$ 时,增益为 200 倍;电容器 C_2 是去耦电容,用于防止电路自激;R_2 和 C_4 组成容性负载,用于抵消扬声器部分的感性负载,以防止在信号突变时,扬声器上因出现较高的瞬时电压而遭到损坏,且可改善音质;C_3 为单电源供电时所需的输出端电容。

三、实验内容

1. 实验要求

利用 LM386 集成功率放大器完成功放电路的设计:

(1) 用 LM386 完成放大倍数为 20 倍的功率放大电路设计;

(2) 利用运放 μA741 构成的同相放大电路作为前置放大,级联 LM386 功放电路,完成从拾音器到功放的输出,构成简单的话音放大装置。

图 2-14-7 中的集成功率放大器 LM386 构成了放大倍数为 20 倍的功放电路,前级利用 μA741 通用运放构成了同相放大电路,其增益约为 21 倍,电路的总增益约为 420 倍左右。

功率放大电路
的设计
(视频)

2. 仿真实验

功放电路的测量,电路如图 2-14-8 所示,通过仿真测量功放电路的工作性能。

由示波器显示的波形和参数可以得到:输入信号峰峰值为 199.255 mV,输出信号峰峰值为 4.092 V,近似放大了 20 倍,且输出信号与输入信号是同相放大。

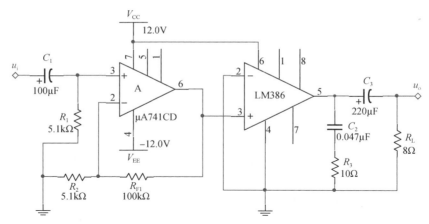

图 2-14-7　LM386 及 μA741 同相放大电路图

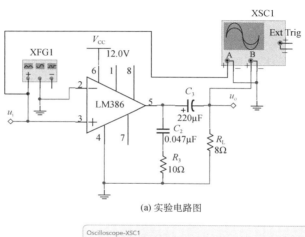

(a) 实验电路图

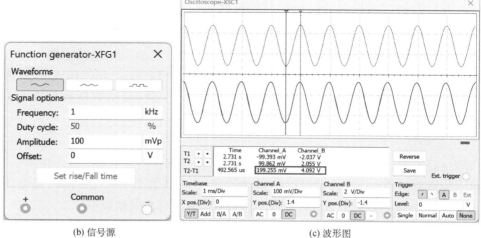

(b) 信号源　　　　　　　　　　　　　(c) 波形图

图 2-14-8　功放电路的测量

3. 电路实验

（1）集成功放性能的测量

电路按照图 2-14-8(a) 所示正确连接，利用信号源、万用表、示波器等仪器，测量由 LM386 集成功放构成电路的性能指标，将数据填入表 2-14-1，输入正弦波信号频率为 1 kHz。

数字示波器
使用说明书

表 2-14-1　功放电路参数测量记录表

u_i/mV	u_o/mV	增益	输出功率/mW	电源电流/mA	电源功率/mW	效率
100						
200						

（2）功放电路最大输出电压、最大输出功率的测量

按照图 2-14-8 所示正确连接电路，输入信号频率为 1 kHz 的正弦波，通过不断加大输入信号幅度，利用示波器观察输出信号波形，在确保基本不失真的情况下，测量对应的最大输出电压幅度，以及对应的输入信号幅度等指标，并将数据填入表 2-14-2，与 LM386 数据手册中的参数做对比分析。

稳压电源使
用说明书

表 2-14-2　功放电路最大输出电压、功率测量记录表

U_{im}/mV	U_{om}/mV	增益	输出功率/mW	电源电流/mA	电源功率/mW	效率

（3）两级级联电路性能参数的测量

按照图 2-14-7 所示正确连接电路。输入端加上一个频率为 1 kHz 的正弦波，调整不同的信号幅度，完成级联电路性能参数的测量，将数据记录在表 2-14-3 中，并与理论计算值对比分析。

信号源使用
说明书

表 2-14-3　两级级联电路性能参数记录表

u_i/mV	u_o/mV	增益	输出功率 P_o/mW
10			
20			

4. 实验注意事项

（1）功放电路实验时，由于输出功率比较大，所以负载电阻 R_L 不能用一般实验用的 0.25 W 电阻，而要选用大于最大输出功率的大功率电阻，如 1 W、2 W 等。

（2）当有较大功率输出时，负载电阻 R_L 会发热，实验时注意不要被烫伤。

（3）测量电源电流时，可以在稳压电源到 LM386 第 6 脚之间串接一个电流表，或串接万用表直流电流挡，有的稳压电源也有输出电流值可以直接读取。

（4）电路如果出现低频自激，需要在电源对地之间接入退耦电容，一般可以用一个 10 μF 左右的电解电容并联一个 0.1 μF 的独石电容。

5. 常见故障及可能的原因

(1) 现象:经过功放后输出波形有一个很大的直流分量。

可能原因:功放输出端的耦合电容没有接入,或者被短路了。

(2) 现象:前级同相放大电路有输入信号,没有输出信号。

可能原因:运放同相端电阻 R_1 没有接好,开路了。

(3) 现象:前级放大电路输出波形的顶部和底部出现了削顶失真。

可能原因:电阻 R_2 偏小,或者 R_{F1} 偏大或因没有接好而开路。

四、选做实验

1. 实验内容

利用 LM386 设计一个功率放大电路,在输入信号峰峰值为 120 mV 驱动时,要求在 8 Ω 负载上获得 0.5 W 的功率。

2. 实验要求

(1) 认真研读 LM386 器件数据手册,完成电路的设计及仿真测量;

(2) 测量实验电路的电压增益、输出电压、输出功率等相关参数;

(3) 分析理论设计和实际测量之间的误差;

(4) 其他参数指标的测量,如功放电路的频率响应、电路效率等。

五、设计指导

1. LM386 增益设置

LM386 是一种音频集成功放,具有自身功耗小(静态电流只有 4 mA)、增益可调整(20～200 倍)、电源电压范围宽(4～12 V 或者 5～18 V)、外接元件少和总谐波失真小等优点,广泛用于低电压消费类产品中。

LM386
数据手册

由 LM386 的管脚 1 与 8 之间的不同连接方式可以调整功放电路的增益值:管脚 1 与管脚 8 之间悬空时,功放的增益值为 20 倍,当在管脚 1 和管脚 8 之间接入一个 10 μF 的电解电容时,增益达到最大的 200 倍,如果在管脚 1 和管脚 8 之间串联一个 1.2 kΩ 电阻和 10 μF 电容时,功放的增益值为 50 倍,类似的方法,可以通过调整与 10 μF 电容串联的电阻值,使功放增益在 20～200 倍之间改变,如图 2-14-9 所示。

2. 接地对功放的影响

在面包板上搭试电路时,器件之间的连接尽量用器件的管脚,尽量不要用实验箱上的元件和长连接线,否则很容易产生自激振荡。为防止功放电路对其他电路或对前级电路产生的影响,第一级话放和功放的电源地线要单独与电源连接,接线不要交叉,并尽可能短,如图 2-14-10 所示。

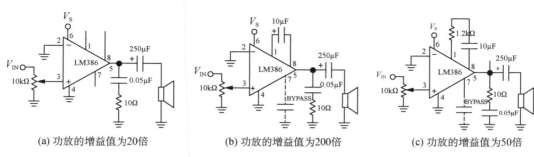

(a) 功放的增益值为20倍　　　(b) 功放的增益值为200倍　　　(c) 功放的增益值为50倍

图 2-14-9　LM386 不同增益设置

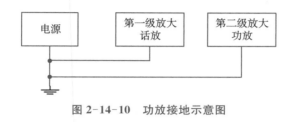

图 2-14-10　功放接地示意图

3. 如何在 Multisim 中创建 LM386

查看二维码,可以了解如何在 Multisim 中创建 LM386 模型的完整过程。

创建 386
模型过程

2.15　线性稳压电源实验

一、实验目的

（1）熟悉直流稳压电源的基本构成及工作原理;

（2）理解三端稳压器件的性能指标及含义;

（3）掌握三端稳压器件的正确应用方法;

（4）掌握稳压电路性能指标的测量方法。

线性稳压
电源实验
（PPT）

二、实验原理

1. 基本概念

线性稳压电源一般是指由电网电压通过变压器降压、二极管整流、电容（电感）滤波、稳压等构成的电路,如图 2-15-1 所示。

线性稳压电源组成框图中各部分的主要功能为:

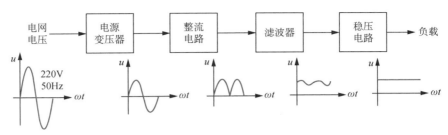

图 2-15-1　线性稳压电源组成框图

（1）电源变压器——交流降压

我国电网提供的是有效值为 220 V（或 380 V 线电压），频率为 50 Hz 的交流电，而各种电子设备所需直流电压的大小虽然不同，但电压值一般都相对比较低，需要将电网电压先经过电源变压器降压后才能使用；另一方面，变压器有隔离作用，可以使电子装置和电网电压隔离，在一定程度上起到安全保护的作用。

（2）整流电路——交流变直流

整流电路是利用二极管具有单向导电性的特点，将正负交替的正弦交流电压转换为单方向的脉动电压，完成交流到直流的转换。

（3）滤波器——减小脉动分量

滤波器是利用电容、电感等储能元件，尽可能地将整流后的单向脉动电压中的脉动分量降低，使输出电压成为比较平滑的直流电压。

（4）稳压电路——稳定输出电压

经过整流滤波电路后的输出电压会随电网电压波动而波动，也会随着负载的变化而变化，稳压电路的作用是利用稳压管特性及负反馈原理，将受电网电压波动和负载变化影响而变化的直流电压，输出为符合要求的稳定的直流电压。

2. 桥式整流电容滤波电路

电路如图 2-15-2(a)所示，其中 Tr 为电源变压器，完成电网电压的降压及隔离功能，$D_1 \sim D_4$ 构成桥式整流电路，完成了交流到单向脉动的变换，而整流后并接电容 C 就构成了基本的电容滤波电路。

图 2-15-2(b)为桥式整流电容滤波电路的电压波形图，图 2-15-2(c)为流过整流二极管的电流与输出平均电流的波形。

（1）二极管的导通角 $\theta < \pi$，流过二极管的瞬时电流很大，如图 2-15-2(c)所示，且在输出直流电流 I_O（平均值电流）要求相同的情况下，滤波电容越大，导通角 θ 越小，流过二极管的瞬时电流最大值也将越大，对二极管及变压器副边的要求也越高。

一般选择变压器副边电流有效值满足：

$$I_2 = (1.5 \sim 2) I_O \tag{2.15.1}$$

（2）当 $R_L C$ 取值越大时，电容的放电速度就越慢，输出的平均电压 U_O 越高，其中的纹波分量也越小，输出电压更为平滑。

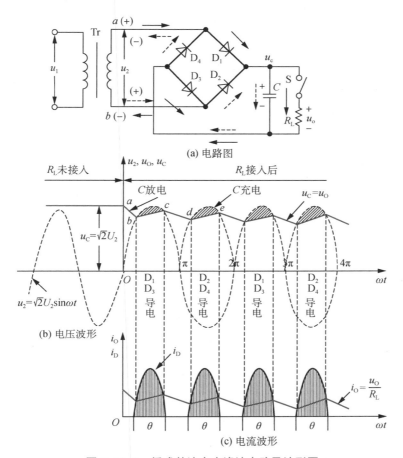

图 2-15-2　桥式整流电容滤波电路及波形图

一般情况下选取满足：

$$\tau_d = R_L C \geqslant (3 \sim 5) \cdot \frac{T}{2} \tag{2.15.2}$$

其中，T 为输入交流电压的周期，即 $T = 1/50$ s $= 20$ ms。

（3）输出直流电压 U_O 随输出平均电流 I_O 的增加而减小，U_O 随 I_O 的变化关系称为输出特性或外特性。图 2-15-3 所示为桥式整流纯电阻负载（没有滤波电容）和桥式整流电容滤波电路的输出特性。

当滤波电容 C 一定，$R_L = \infty$（即空载、负载开路）时，输出直流电压为：

$$U_O = \sqrt{2} U_2 \approx 1.4 U_2 \tag{2.15.3}$$

当没有滤波电容，即 $C = 0$ 时，输出的直流电压为：

$$U_O = 0.9 U_2 \tag{2.15.4}$$

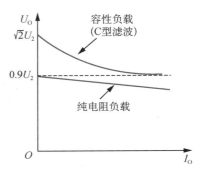

图 2-15-3　桥式整流电路的输出特性

在电路参数选择合理的情况下,桥式整流电容滤波电路的输出直流电压可以用近似公式表示为:

$$U_O = (1.1 \sim 1.2)U_2 \tag{2.15.5}$$

其中 U_2 为变压器副边电压的有效值。

3. 线性稳压电路基本结构及工作原理

线性串联型稳压电路的基本结构框图如图 2-15-4 所示。

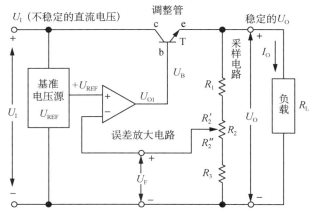

图 2-15-4　线性串联型稳压电路结构框图

其基本工作原理为:

假设由于 U_I 增大或 I_O 减小(R_L 增大)而导致输出电压 U_O 增大,则通过采样电路采样后反馈到误差放大电路反相输入端的电压 U_F 也按比例增大,因运放同相输入端的电压 U_{REF} 保持不变,故放大电路 A 的差模输入电压 $U_{Id} = U_{REF} - U_F$ 将减小,放大电路的输出电压 U_{O1} 减小,即调整管的基极电压 $U_B = U_{O1}$ 减小,从而引起调整管的 $U_{BE} = U_B - U_O$ 减小、I_C 减小、U_{CE} 增大,阻止了输出电压 $U_O = U_I - U_{CE}$ 的增大,也即稳定了输出电压。

线性串联型稳压电路稳压的过程,实质上是通过电压负反馈使输出电压 U_O 保持基本稳定的过程,故这种稳压电路也称为串联反馈式稳压电路,其中的调整管必须工作在线性区,所以也叫线性稳压电源。

4. 三端集成稳压器

三端集成稳压器是目前应用比较广泛的稳压电源,分为固定输出式和可调输出式两大类,根据输入与输出之间的最小电压差,也有常规的三端稳压器和低压差式三端稳压器,可以根据需要选择不同的器件,具体器件参数可以查阅器件数据手册。

常规的三端固定输出式稳压器分为正电压输出系列(CW78XX)和负电源输出系列(CW79XX)两大类,按照器件的最大输出电流,常用的有:0.1 A(CW78LXX、CW79LXX)、0.5 A(CW78MXX、CW79MXX)、1.5 A(CW78XX、CW79XX)。如 CW78M05 的输出电压固定为 5 V,输出最大电流达到 500 mA,而 CW79L12 的输出电压固定为 -12 V,最大输

稳压电源
使用说明书

78XX
数据手册

79XX
数据手册

出电流为 $100\ mA$。

三端固定输出式稳压器有多种不同的封装形式,如图 2-15-5 所示,根据不同的应用需求选择不同的封装,使用时要注意对应的输入/输出管脚定义,尤其要注意的是负电压输出型器件与正电压输出型器件的管脚定义不一致。

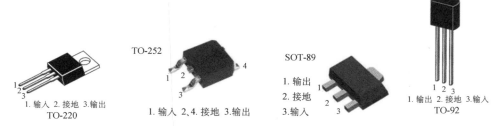

图 2-15-5　三端固定输出式稳压器常用封装图

三端固定输出式稳压器也是线性串联型稳压电源,其内部结构和工作原理与上述线性串联型稳压电源相类似,电路的连接方式比较简单方便,如图 2-15-6 所示。由于是线性电源,必须保证三端稳压器件的输入端电压高于输出端电压 $2{\sim}3\ V$。

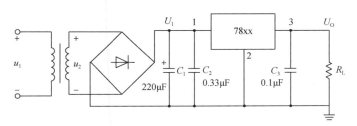

图 2-15-6　三端固定输出式稳压器基本应用

三端输出可调式稳压器也分为输出正电源系列(CW117/217/317)和输出负电源系列(CW137/237/337)两大类,依据最大输出电流值,常用的有 $100\ mA$、$500\ mA$ 和 $1.5\ A$,也对应有多种封装形式可以选用,通过改变调整端到地外接电阻阻值就可以调整输出正电压在 $1.25\ V{\sim}37\ V$ 范围内变化,或调整输出负电源在 $-1.25\ V{\sim}-37\ V$ 范围内变化。CW317 和 CW337 的基本电路应用如图 2-15-7 所示。

LM337
数据手册

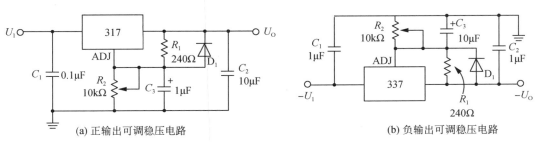

(a) 正输出可调稳压电路　　　　　　　　(b) 负输出可调稳压电路

图 2-15-7　三端可调输出式稳压器基本应用图

以图 2-15-7(a)输出正电压的 CW317 电路为例,由于输出端到调整端之间的电压为 1.25 V,而调整端中流过的电流 I_{ADJ} 很小(一般小于 0.1 mA),所以三端可调式的输出电压可以利用公式(2.15.6)得到:

$$U_{\text{O}} = \left(1 + \frac{R_2}{R_1}\right) \times 1.25 (\text{V}) \tag{2.15.6}$$

由于三端可调输出式稳压器也是线性稳压电源,所以在调整输出电压值时,必须确保输入端电压要高于输出端电压 2~3 V,以保证稳压器工作在线性区。

5. 稳压电路的性能指标

表述一个稳压电路性能特性的指标有很多,常用的有以下几个:

(1)输出电压 U_{O}

U_{O} 是指稳压电路在正常工作时的额定输出电压,如输出为可调式稳压电路,则表示可调输出的额定电压的范围为 $U_{\text{O1}} \sim U_{\text{O2}}$。

(2)最大输出电流 I_{Om}

I_{Om} 是指稳压电路正常工作时的最大输出电流值,超过这个值稳压电路将出现不正常状态,如不再稳压、电路被损坏或被保护。

(3)稳压系数 S_{r}

当环境温度与负载不变时,在规定输入电压变化范围内,且满载条件下,输出电压 U_{O} 的相对变化量与输入电压 U_{I} 的相对变化量之比,即:

$$S_{\text{r}} = \frac{\Delta U_{\text{O}}/U_{\text{O}}}{\Delta U_{\text{I}}/U_{\text{I}}}\bigg|_{\substack{\Delta T = 0 \\ \Delta R_{\text{L}} = 0}} = \frac{\Delta U_{\text{O}}}{\Delta U_{\text{I}}} \cdot \frac{U_{\text{I}}}{U_{\text{O}}}\bigg|_{\substack{\Delta T = 0 \\ \Delta R_{\text{L}} = 0}} \tag{2.15.7}$$

S_{r} 的大小反映了稳压电路输出电压克服因输入电压变化而产生影响的能力。显然 S_{r} 越小,表明在同样输入电压变化情况下,输出电压变化越小,稳定性越好。

在工程应用中,稳压系数 S_{r} 也称为电压调整率,用 S_{u} 表示。

(4)输出电阻 R_{O}

在输入电压及环境温度不变时,由负载变化导致的输出端电压和输出电流的变量之比,即:

$$R_{\text{O}} = \frac{\Delta U_{\text{O}}}{\Delta I_{\text{O}}}\bigg|_{\substack{\Delta T = 0 \\ \Delta U_{\text{I}} = 0}} \tag{2.15.8}$$

R_{O} 反映了负载变化时,输出电压 U_{O} 维持稳定的能力。显然 R_{O} 越小,当 I_{O} 变化时,输出电压变化也越小,越稳定。

(5)电流调整率 S_{I}

在输入电压及环境温度不变时,当输出电流从零变化到最大额定值时,输出电压的相对变化量称为电流调整率 S_{I},即:

$$S_{\text{I}} = \frac{\Delta U_{\text{O}}}{U_{\text{O}}}\bigg|_{\substack{\Delta T = 0 \\ \Delta U_{\text{I}} = 0}} \times 100\% \tag{2.15.9}$$

电流调整率 S_I 与输出电阻 R_O 都是表示稳压电路输出电压受负载的影响,有一定的关联性,且都是参数值越小,稳压电路性能越好。

（6）纹波抑制比 S_{rip}

S_{rip} 定义为当环境温度与负载不变时,输入电压的纹波峰峰值 U_{IPP} 与输出电压的纹波峰峰值 U_{OPP} 之比,一般用 dB 表示,即:

$$S_{rip} = 20 \lg \frac{U_{IPP}}{U_{OPP}} \bigg|_{\substack{\Delta T = 0 \\ \Delta R_L = 0}} \qquad (2.15.10)$$

显然,S_{rip} 越大,表明稳压电路对纹波的抑制能力越强,即输出纹波越小,稳定性也越好。

三、实验内容

1. 实验要求

利用 LM7812 三端固定输出式集成稳压器完成稳压电路实验,测量相关的参数指标,实验电路如图 2-15-8 所示。

线性稳压
电源实验
（视频）

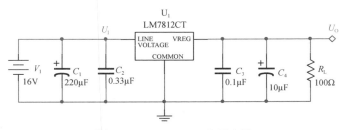

图 2-15-8　LM7812 稳压电路

查阅数据手册,可以看到 7812 三端集成稳压器的主要电气特性。（不同厂商的器件数据会有些差异,使用时需要注意）

由 7812 数据手册中 ΔU_O 可以推算出相关指标,如:

由线性调节率参数的最大值 $\Delta V = 60$ mV,参照式（2.15.7）可以得到稳压系数的最大值为（输入电压以输入变化范围的中间值估算,输出以标称输出电压估算）:

$$S_r = \frac{\Delta U_O}{\Delta U_I} \cdot \frac{U_I}{U_O} \bigg|_{\substack{\Delta T = 0 \\ \Delta R_L = 0}} = \frac{0.06 \text{ V}}{22 - 16 (\text{V})} \times \frac{19 \text{ V}}{12 \text{ V}} = 0.016 = 1.6\%$$

78XX
数据手册

由负载调节率参数的最大值 $\Delta V = 60$ mV,参照式（2.15.8）可以得到输出电阻的最大值为:

$$R_O = \frac{\Delta U_O}{\Delta I_O} \bigg|_{\substack{\Delta T = 0 \\ \Delta U_I = 0}} = \frac{60 \text{ mV}}{750 - 250 (\text{mA})} = 0.12 \ \Omega$$

2. 仿真实验

（1）稳压系数的测量

根据稳压系数的定义,需要在一定的负载电流下测量输出电压与输入电压的相对变化量。如选取负载电阻为 24 Ω,输出电流为 500 mA,与数据手册上给定的测量环境相同,在输入电压分别为 16 V 和 22 V 时,用直流电压表分别测量输出电压值,如图 2-15-9 所示。

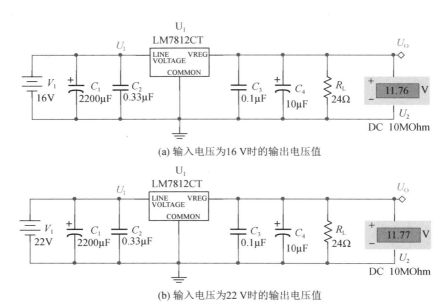

(a) 输入电压为16 V时的输出电压值

(b) 输入电压为22 V时的输出电压值

图 2-15-9　输入不同电压时 7812 的输出电压值

由测量到的输出电压数值,再对应输入电压值,就可以估算出该器件的稳压系数值为:

$$S_r = \frac{\Delta U_O}{\Delta U_I} \cdot \frac{U_I}{U_O}\bigg|_{\substack{\Delta T=0 \\ \Delta R_L=0}} = \frac{11.77 - 11.76(\mathrm{V})}{22 - 16(\mathrm{V})} \times \frac{19\ \mathrm{V}}{12\ \mathrm{V}} = 0.0026 = 0.26\%$$

（2）输出电阻的测量

根据输出电阻的定义,在输入电压一定时,通过改变负载电阻的阻值,测量对应的输出电压值,电压变化与电流变化之比就是稳压电路的输出电阻。

如在输入电压为 16 V,输出负载电阻分别为 24 Ω 和 12 Ω 时测量对应的输出电压值,如图 2-15-10 所示。

由直流电压表测量到的输出电压数值,再对应不同的负载电阻值,就可以估算出该器件的输出电阻值为:

$$R_O = \frac{\Delta U_O}{\Delta I_O}\bigg|_{\substack{\Delta T=0 \\ \Delta U_1=0}} = \frac{11.76 - 11.714(\mathrm{V})}{0.98 - 0.49(\mathrm{A})} = 0.094\ \Omega$$

（3）整流滤波稳压电路性能的测量

电路如图 2-15-11 所示,利用电压表和示波器可以测量出变压器副边电压有效值、整流滤波后的直流（平均值）电压及波形、输出电压值及波形分别如图 2-15-12、2-15-13 所示。

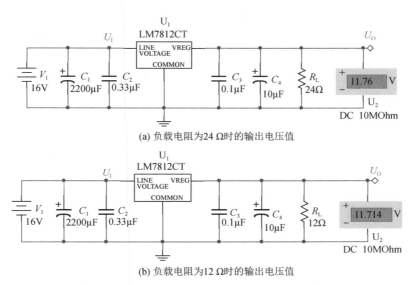

(a) 负载电阻为24 Ω时的输出电压值

(b) 负载电阻为12 Ω时的输出电压值

图 2-15-10　负载电阻不同时 7812 的输出电压值

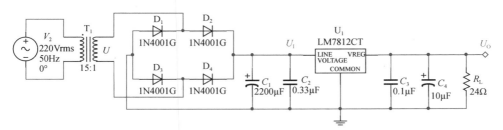

图 2-15-11　整流滤波稳压电路

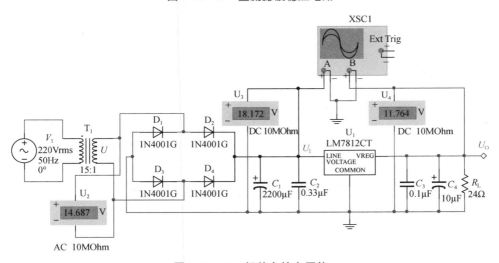

图 2-15-12　相关点的电压值

图 2-15-12 中，U_2 表示变压器副边电压有效值，U_3 表示整流滤波后的直流电压，U_4 表示稳压电路输出直流电压。

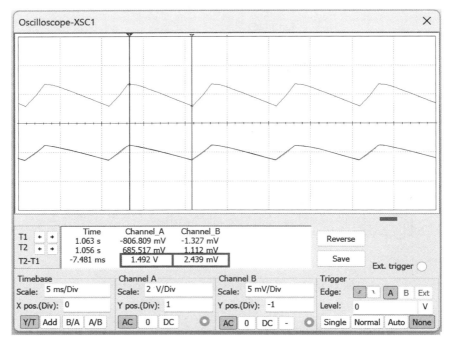

图 2-15-13 稳压电路输入和输出对应的交流波形图

注意:在测量变压器副边电压有效值时,要用交流电压表测量,整流滤波后以及稳压输出测量时,要用直流电压,如图 2-15-12 所示。

由图 2-15-13 可以看出,在稳压电路输入端即整流滤波后的输出电压有较大的纹波分量,如图中上面的波形显示,而通过三端稳压电路后的输出波形中,纹波分量被很大的抑制,如图中下面的波形显示,根据式(2.15.10)可以估算出该稳压电路的纹波抑制比为:

$$S_{\text{rip}} = 20\lg \frac{U_{\text{IPP}}}{U_{\text{OPP}}}\bigg|_{\substack{\Delta T = 0 \\ \Delta R_{\text{L}} = 0}} = 20\lg \frac{1.492(\text{V})}{2.439(\text{mV})} \approx 55.73 \text{ dB}$$

3. 电路实验

(1)稳压系数的测量

电路按照图 2-15-8 所示正确连接,取负载电阻为 $100 \ \Omega/3 \ \text{W}$,在三端稳压器的输入端加上不同的直流电压值,测量输出电压的变化,将数据填入表 2-15-1 中,利用公式(2.15.7)计算该电路的稳压系数 S_{r},并与器件数据手册对应的参数作对比。

表 2-15-1 稳压系数测量记录表

U_{I}/V	U_{O}/V	$\Delta U_{\text{I}}/\text{V}$	$\Delta U_{\text{O}}/\text{V}$	稳压系数 S_{r}
16				
22				

（2）输出电阻的测量

按照图 2-15-8 所示正确连接电路，输入电压固定在 16 V，在不同的负载情况下，分别测量对应的输出电压值，将数据记录在表 2-15-2 中，利用公式计算稳压电路的输出电阻，并和器件数据手册对比。

表 2-15-2　输出电阻测量记录表

R_1/Ω	U_o/V	I_o/mA	$\Delta I_o/mA$	$\Delta U_o/V$	输出电阻 R_o
1 000					
100					

（3）整流滤波稳压电路性能的测量

按照图 2-15-11 所示正确连接电路，选用副边电压输出在 15 V（交流有效值）左右的电源变压器，取负载电阻为 100 Ω，测量变压器副边的交流有效值、整流滤波后的直流电压、稳压电路后的直流电压，以及利用示波器交流耦合方式，测量三端稳压器件输入端和输出端的交流波形，测量其纹波的峰峰值，将数据记录在表 2-15-3 中，利用公式计算该稳压电路的纹波抑制比，并与器件的数据手册对比。

注意：由于变压器原边与电网电压相连，实验时一定要注意安全！

表 2-15-3　整流滤波稳压电路参数记录表

U_{rms}/V	U_i/V	U_o/V	输入纹波电压峰峰值/mV	输出纹波电压峰峰值/mV

数字示波器
使用说明书

4. 常见故障及可能的原因

（1）现象：电路连接正常，但输出没有达到器件的稳定值。

可能原因：三端稳压器件的输入端电压偏低，一般要求输入电压大于输出电压 2 V 以上。

（2）现象：电路输出不是稳定的直流电压，波形的变化很大。

可能原因：由于滤波电容 C_1 没有接好而开路。

（3）现象：整流滤波后的直流电压值只有设计值的一半。

可能原因：由于 4 个二极管整流电路中有一个或两个没有接好而开路或已被损坏。

（4）现象：不接负载时能达到稳定值，但接入负载后输出电压下降。

可能原因：三端稳压器的输入端电压没有达到高于输出电压的 2 V 以上，或者负载电阻值太小，导致输出电流过大而被保护或损坏。

四、选做实验

1. 实验内容

利用三端固定稳压器件 7812 和 7912，设计可以用于运放工作的正负电源。

2. 实验要求

（1）认真研读器件数据手册，完成电路的设计和仿真测量；

（2）测量相关点的参数并记录波形；

（3）计算稳压电源相关的性能指标；

（4）其他指标或波形的测量，如整流输出波形、滤波效果和电容电阻的关系等。

五、设计指导

1. 整流桥的使用

桥式整流电路是由4个整流二极管构成的，如图 2-15-14(b) 所示，4个二极管连接必须正确，否则会导致整流工作不正常或损坏器件。在工程应用中，也有将4个二极管组合在一起，构成整流桥组件，常用的封装如图 2-15-14(a) 所示。

   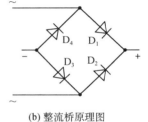

(a) 整流桥实物示意图　　　　　　　　　　(b) 整流桥原理图

图 2-15-14　整流桥实物与对应电路图

图 2-15-15 表示了在实物整流桥上对应的符号标记与桥式整流电路中4个二极管之间的连接关系，标有"AC"或者"～"符号的两个接线端连接到变压器副边，标有"＋"和"－"符号的两个接线端接到输出用于滤波和稳压，其中"＋"表示高电位，是电流流出端，"－"表示低电位，是电流流入端。在实际使用中根据需要选择合适的器件，按照电路关系正确连接。

2. 三端固定负电压输出稳压器的应用

三端固定式负电压输出稳压器的封装形式和正电压输出相同，但要注意其管脚功能定义不同，如图 2-15-15 所示为常用封装的 LM7912 三端稳压器的管脚定义，实际使用中要正确连接。

79XX 数据手册

1—接地
2—输入
3—输出　　　1—接地
2—输入
3—输出　　　1—接地
2—输入
3—输出

图 2-15-15　三端固定式负电压输出稳压器封装图

3. 输出正负电源的设计

在电子电路应用中,经常要用到正负电源给电路供电,如运放双电源工作、OCL 功放电路等,常用的有两种正、负电源设计方法。

（1）利用双绕组变压器

电路如图 2-15-16 所示,设计思路与单电源基本相同,仅在正负电源的接地端相连,输出正负电源。

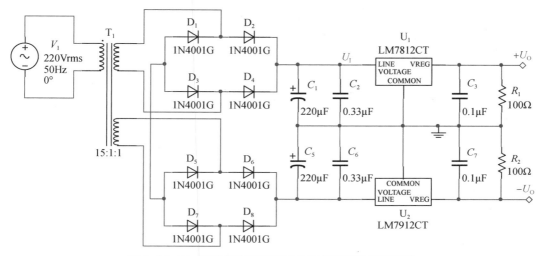

图 2-15-16　双绕组变压器构成的正负稳压电源原理图

（2）利用带中心抽头的变压器

电路如图 2-15-17 所示,变压器副边有中心抽头时,只需要用一组整流桥就可以设计正负输出的直流稳压电源。

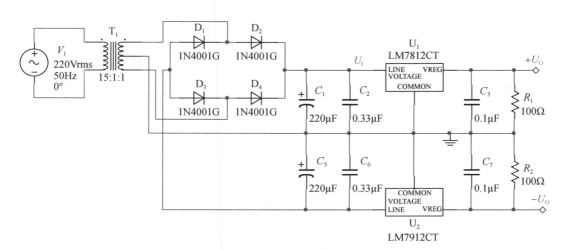

图 2-15-17　带中心抽头的变压器构成正负稳压电源原理图

2.16 开关稳压电源实验

一、实验目的

（1）了解开关稳压电源的基本结构和工作原理；

（2）理解开关稳压电源与线性稳压电源的区别及各自特点；

（3）掌握开关稳压电源相关参数的测量方法；

（4）了解开关电源的设计仿真方法。

二、实验原理

1. 基本概念

串联型线性稳压电源因调整管工作在放大区，需要有一定的电压差，并且调整管与负载串联，输出电流全部要流过调整管，有较大的功耗以热能的形式消耗在器件上，导致这种稳压电路的效率很低。另外需要 50 Hz 的电源变压器降压，体积大而笨重，在许多场合下不能满足电子系统的需要。

开关稳压电源可以有效克服线性稳压电源的不足，它是在高频开关模式下，通过改变开关占空比或改变开关频率的方法实现稳定的电压输出，其最大的优点是高效率，一般在80％以上，并且具有稳压范围宽、体积小、重量轻等多种优点；缺点是输出纹波和开关噪声较大，控制电路相对比较复杂。

常用的开关稳压电源分为隔离式和非隔离式两类，其中非隔离式电路结构又可以分为 Buck 型、Boost 型和 Buck-Boost 型；隔离式电路结构可以分为反激型、正激型、半桥型和全桥型等。电路拓扑结构如图 2-16-1 所示。

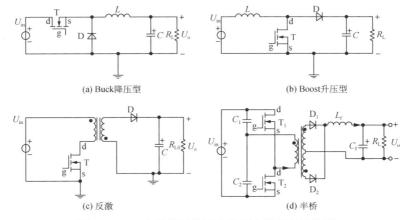

(a) Buck降压型　　　　　　　　　　(b) Boost升压型

(c) 反激　　　　　　　　　　(d) 半桥

图 2-16-1　几种常用的开关稳压电源拓扑结构图

2. Buck 型电路的工作原理

Buck 型稳压电源的基本电路如图 2-16-2 所示,其中 T_1 为开关管,D_1 为续流二极管,LC 构成了低通滤波器,滤除高频纹波分量。

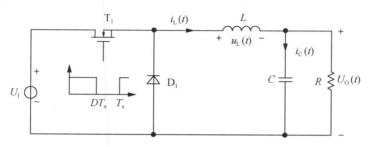

图 2-16-2　Buck 型稳压电路原理图

开关管 T_1 在控制脉冲作用下周期性导通和截止,在 T_1 导通期间,输入电压向 L 充磁,向 C 充电,同时也给负载供电。电感 L 的一端为输入电压,另一端为输出电压,加在电感两端的电压基本恒定,电感电流呈现线性上升;而在 T_1 截止期间,输入电压与输出电路断开,电路靠存储在电感中的能量向负载供电,由续流二极管 D_1 提供电流通路,此时电感 L 的一端电位近似为 0,另外一端为输出电压,加在电感两端的电压也基本恒定,电感中的电流线性下降。

由理论分析可知,当开关管的控制脉冲周期为 T_s,占空比为 D 时,其对应的输出直流电压为:

$$U_O = DU_I \tag{2.16.1}$$

由式(2.16.1)可以看出,输出电压与输入电压的关系由控制脉冲的占空比确定,只要调整开关管的控制脉冲占空比 D,就可以调整输出电压值,这也叫脉宽调整式(PWM)开关稳压电源。

3. Buck 型开关稳压电路闭环工作原理

利用 Buck 型电路拓扑结构构成的开关稳压电源工作原理电路如图 2-16-3 所示,图 2-16-4 为电路中对应点的工作波形图。

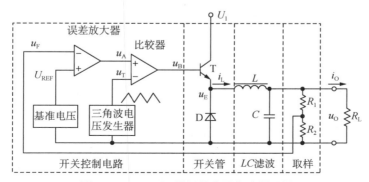

图 2-16-3　Buck 型开关稳压电路原理图

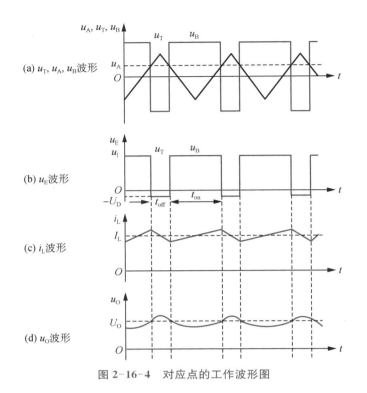

(a) u_T、u_A、u_B波形

(b) u_E波形

(c) i_L波形

(d) u_O波形

图 2-16-4　对应点的工作波形图

由图 2-16-3 可知:当 $u_A>u_T$ 时,u_B 为高电平,开关管 T 导通,输入电压 U_I 经 T 加到二极管 D 的一端,电压 u_E 等于 U_I(忽略 T 的饱和压降 U_{CES}),此时二极管 D 因承受反向电压而截止。负载 R_L 中有电流 i_O 通过,电感 L 存储能量,同时向电容器 C 充电,也向负载供电。

当 $u_A<u_T$ 时,u_B 为低电平,T 由导通变为截止,滤波电感 L 产生感生电势,确保电感电流不变,使得二极管 D 的负端电压下降,直到二极管 D 导通,u_E 被钳位在 0 V(忽略二极管导通压降),则电感中存储的能量通过二极管 D 和负载 R_L 释放,使负载 R_L 中继续有电流 i_O 通过。

由此可见,虽然调整管 T 处于开关工作状态,但由于二极管 D 的续流作用和 L、C 的储能、滤波作用,输出电压 u_O 是比较平稳的。图 2-16-4 画出了电压 u_T、u_A、u_B、u_E、u_O 和电流 i_L 的波形,图中 t_{on} 是开关管 T 的导通时间,t_{off} 是开关管 T 的截止时间,$T_S=t_{on}+t_{off}$ 是开关周期。

在闭环情况下,电路能自动地调整输出电压 U_O,其工作原理为:设电路在正常工作状态时,输出电压 U_O 为某一预定数值 U_{SET},则通过采样电路后的反馈电压为 $u_F=F_u \times U_{SET}=U_{REF}$,误差放大器的输出电压 u_A 为 0 V,比较器输出的脉冲电压 u_B 的占空比 $D=50\%$。当输入电压或负载变化导致输出电压 U_O 增大时,则 $u_F>U_{REF}$,误差放大器的输出电压 u_A 为负值,u_A 与三角波电压信号 u_T 相比较,可得到 u_B 点波形占空比 $D<50\%$,从而使输出电压下降,阻止了原来输出电压 U_O 的增大;同理,当 U_O 有下降趋势时,$u_F<$

U_{REF}，u_A 为正值，u_B 的占空比 $D>50\%$，使输出电压 U_O 上升，基本稳定在预定值 U_{SET}。

4. BOOST 型开关稳压电路拓扑结构及工作原理

BOOST 型开关稳压电路的拓扑结构如图 2-16-5 所示，其工作原理与 BUCK 型开关稳压电路有类似之处，也是利用开关 SW 的通断，对电感 L 充放电，达到稳定输出电压 U_O 的目的。

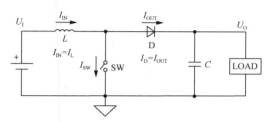

图 2-16-5　**BOOST** 型开关稳压电路拓扑结构

设开关 SW 的通断由如图 2-16-6 所示波形控制，t_{on} 为开关 SW 的闭合时间，t_{off} 为开关 SW 的断开时间。

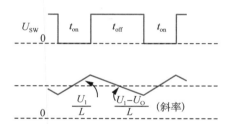

图 2-16-6　**BOOST** 型开关稳压电路工作波形原理图

当开关 SW 闭合时，电感 L 两端的电压就是输入电压 U_I，电感以这个电压充电，充电时间为 t_{on}；当开关 SW 断开时，电感 L 的两端电压为 U_I-U_O，电感以这个电压放电，放电时间为 t_{off}，由于电感 L 在充电阶段的储能和放电阶段释放的能量相等，由理论分析可以得到输出电压 U_O 和输入电压 U_I 的关系如式（2.16.2）所示：

$$U_O = \left(1 + \frac{t_{on}}{t_{off}}\right) U_I \tag{2.16.2}$$

由式（2.16.2）可以看出，输出电压受电路中的 SW 开关通断时间控制，且输出电压 U_O 高于输入电压 U_I，所以 BOOST 电路也称为升压式开关稳压电路。

BOOST 电路的稳压原理与 BUCK 电路类似，可以通过采集输出端的电压值，反馈后与参考电压比较放大来控制开关 SW 的通断时间，以调整输出端的电压值从而达到稳定输出电压的目的。

5. BUCK-BOOST 型开关稳压电路拓扑结构及工作原理

BUCK 型结构是降压型稳压电路，BOOST 型结构是升压型稳压电路，而 BUCK-BOOST 型拓扑结构是升降压稳压电路，它的输出电压（绝对值）既可以大于也可以小于输入电压的绝对值。BUCK-BOOST 电路通常有两种拓扑结构,分别如图 2-16-7(a)(b)所示。

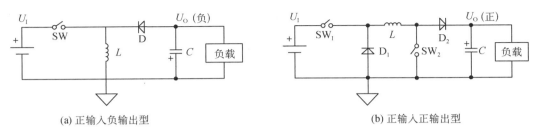

(a) 正输入负输出型　　　　　　　　　　(b) 正输入正输出型

图 2-16-7　BUCK-BOOST 型稳压电路拓扑结构

图 2-16-7(a)所示是正电压输入负电压输出型电路拓扑结构,当开关 SW 闭合时输入电压 U_1 对电感 L 充电,电感存储能量,当开关 SW 断开时,电感 L 的储能通过二极管 D 提供给负载,由电流流向可知,输出为负电压。

图 2-16-7(b)是正电压输入正电压输出的电路拓扑结构,当开关 SW_1 和 SW_2 都闭合时,输入电压 U_1 对电感 L 充电,而当开关 SW_1 和 SW_2 都断开时,电感 L 的储能通过二极管 D_1 和 D_2 形成的通路给负载提供能量,输出为正电压。

利用电感充放电能量守恒原理,可以对图 2-16-7(a)(b)作类似的分析,只是图 2-16-7(a)的输出电压为负值,而图 2-16-7(b)的输出电压为正值,如果统一用输出电压的绝对值表示 U_O,则可以统一表示为:

$$U_O = \frac{t_{on}}{t_{off}} U_I \tag{2.16.3}$$

由式(2.16.3)可以看出,U_O 与 U_I 之间的系数是开关的通断时间的比值,这个值可以大于 1 也可以小于 1,所以 BUCK-BOOST 型开关稳压电源的输出电压可以大于输入电压,也可以小于输入电压,是升降压稳压电源。

6. 集成开关稳压电源

集成式开关稳压电源包括两类器件,分别是控制器和转换器。控制器是指开关电源的开关器件外置,稳压电源的功率由外置的开关器件决定,基本不受控制器芯片的限制,如 LM3475、LM5116、TL494 等;转换器是指芯片内置了开关元件,外围元件少,电路面积小,但稳压电源的功率受芯片的体积和散热等限制,如 TPS54160、LM43603 等。

TPS54160 是一款开关电源转换器,它是一款集成了高侧 N 沟道 MOSFET 的降压 (BUCK)型开关稳压器件,其输入电压范围在 3.5 V 至 60 V 之间,输出电压可以稳定在 0.8 V 至 58 V,输出电流最大可以达到 1.5 A,开关频率可以工作在 100 kHz 到 2.5 MHz 之间,静态工作电流只有 116 μA,通过使能控制,可以将工作电流降至 1.3 μA,器件内部具有多种保护模式,且具有表面贴装小外形尺寸封装(MSOP10)和 3 mm×3 mm 超薄小外形尺寸无引线(VSON)封装,体积小,使用方便,其简化的应用电路原理如图 2-16-8 所示。

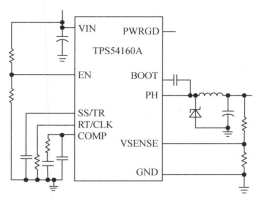

图 2-16-8　TPS54160 应用原理图

7. 开关稳压电路性能指标

开关稳压电路的性能指标与线性稳压电路的性能指标有很多是相同的,可以参考 "2.15 线性稳压电源实验"部分内容,除此以外,开关稳压电路还有一些常用的性能指标:

（1）开关工作频率 f_{sw}

开关稳压电路中控制开关器件导通与截止的时间之和为开关电路的工作周期,其倒数即为开关稳压电路的开关工作频率,一般用 f_{sw} 表示。在一定的条件下,开关工作频率越高,稳压电源的体积越小,转换效率越高,但对电路设计的要求也会越高。

（2）占空比 D

D 是指开关稳压电路中开关器件导通的时间与周期的比值,由开关稳压电路工作原理可知,D 的大小可以调整和稳定输出电压值。

（3）转换效率 η

η 是指开关稳压电路在输出端负载上获得的功率与稳压电路输入端的功率之比,如式 2.16.4 所示。开关稳压电路的转换效率比线性稳压电路的效率要高,一般可以达到 80% 以上。

$$\eta = \frac{P_O}{P_I} = \frac{U_O \times I_O}{U_I \times I_I} \tag{2.16.4}$$

（4）输出纹波电压峰峰值

开关稳压电路的输出电压会有一定的波动,为了表述输出电压波动的大小,把输出电压中的交流分量定义为纹波电压,一般而言,开关稳压电路的纹波电压比线性稳压电路的纹波电压大。

另外还有一些相关指标,如启动时间、负载响应、输出响应及稳态响应等,可以参考相关文档及各种开关电源仿真设计软件。

三、实验内容

开关稳压电源
实验（视频）

1. 实验要求

利用 TPS54160 完成 BUCK 型开关稳压电路的设计及性能测量分析,其典型电路设计如图 2-16-9 所示。

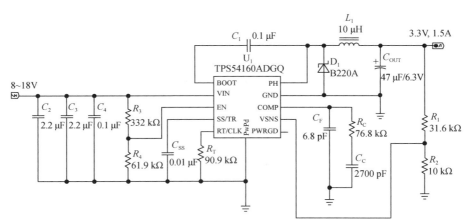

图 2-16-9　TPS54160 典型电路设计图

2. 参数选择

（1）反馈电阻 R_1、R_2 的选择

根据 TPS54160 的数据手册，其内部的比较器参考电压为 0.8 V，所以图 2-16-9 所示的稳压电源的输出电压为 3.3 V，如果需要调整输出电压，可以调整电阻 R_1 和 R_2 的取值，一般取 R_2 为 10 kΩ，R_1 可以参考式（2.16.5）计算：

$$R_1 = R_2 \times \left(\frac{U_O - 0.8}{0.8} \right) \qquad (2.16.5)$$

电阻 R_1、R_2 直接影响到输出电压值，所以一般应选择误差小于 1% 以下的精密电阻。电阻取值稍微大些，可以减少功耗，提高电源的效率，但也不宜太大，阻值过大其噪声也会影响到电源输出的质量。

（2）开关频率对应电阻 R_T 的选择

TPS54160 芯片的开关频率可以用式（2.16.6）近似计算：

$$R_T = \frac{206033}{f_{SW}^{1.088}} \qquad (2.16.6)$$

式（2.16.6）中 f_{SW} 为开关频率，单位为 kHz，R_T 为调整开关工作频率的外接电阻，按照图 2-16-9 中参数计算，其开关工作频率约为 1.2 MHz，R_T 也要选择 1% 的高精度电阻。

开关频率的选择需要综合考虑：为了减小开关电源的尺寸，通常会将开关频率设置得尽可能高，相比于较低工作频率的开关电源，高的开关频率可以选择数值较小的电感和输出电容，但开关频率也会受到开关的最小接通时间限制。所以要综合考虑电源效率、最大输入/输出电压，以及内部最小可控的接通时间之间的权衡。TPS54160 的开关工作频率可以在 100 kHz 到 2 500 kHz 之间选择。

（3）其他元件参数的选择

电路中其他元件参数的选择，可以参考 TPS54160 数据手册，有详细介绍，或者利用开关电源专用设计软件,可以方便地完成电路设计。

3. 电路实验

开关稳压电路相对复杂,需要的实验环境条件要求较高,有条件的可以开展实物实验,一般会采用软件仿真实验,可以用通用的仿真软件,也可以用一些器件生产厂商提供的仿真设计软件平台。

PMLK-BUCK
使用说明

(1) 实验电路介绍

由 TPS54160 构成的实验电路如图 2-16-10 所示。

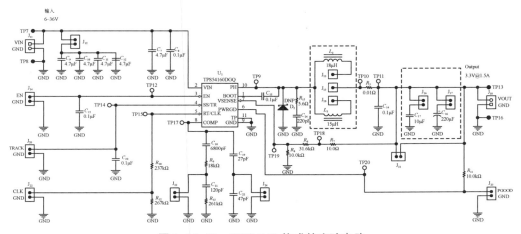

图 2-16-10　TPS54160 构成的实验电路

J_{11}、J_{18} 为输入、输出接线端,输入电压范围为 6～36 V;由 R_6、R_7、R_8 的数值可以算出,该稳压电源输出电压为 3.3 V;

各个跳线端是为了调整电路参数,以方便测量参数对稳压电源性能的影响,如:

J_{12}:输入端是否接入 $C_9 \sim C_{12}$ 4 个 4.7 μF 电容,测量输入电容对电路性能的影响;

J_{16}:输出端是否接入 C_{17}(10 μF)电容,测量输出电容对电路性能的影响;

J_{17}:输出端是否接入 C_{16}(220 μF)电容,测量输出电容对电路性能的影响;

J_{22}:开关频率选择,短接时工作频率为 500 kHz,断开时工作频率为 250 kHz;

J_{13} 和 J_{15} 相连接,输出端接入的是 18 μH 的铁氧体电感;

J_{19} 和 J_{15} 相连接,输出端接入的是 15 μH 功率电感;

其他跳线端也有相对应功能,可以自行分析。

电路中还设计了多个测试端,如:

TP7:输入电压测试端;

TP8:输出电压测试端;

TP9:开关波形测试端;

TP10 和 TP11:测量电阻 R_5(10 mΩ)上的压降,可以计算稳压电源的输出电流,也可以去掉电阻 R_5,用一个电流表跨接在 TP10 和 TP11 之间,直接测量输出电流值;

TP13:输出电压测试端;

其他测试端功能可以自行分析。

（2）基本性能测量

实验电路连接状态:短接J_{17},输出端连接输出电容C_{16};短接J_{22},设置开关工作频率为$250\,kHz$,连接J_{13}和J_{15},输出接入电感L_2,其他相应的短接器都处于开路状态。

① 利用电阻做负载或专用的电子负载,设定输出电流为$0.7\,A$,通过输入不同的电压值,测量输入电压对电路性能的影响,并填写表2-16-1。

表 2-16-1　输入电压变化对电路性能的影响

输入电压值/V	6	12	18
输入电流/mA			
输出电压值/V			
纹波峰峰值/mV			
占空比/%			

由表2-16-1测量数据分析:在输出电流保持不变的情况下,该开关稳压电源在不同的输入电压下的工作状态,输入电流变化规律、输出电压的稳定特性、输出纹波大小是否有变化,以及对应的开关波形的占空比,并与理论分析值对比。

② 输入电压一定时(12 V),输出电流的变化对电路性能影响的测量,完成表2-16-2。

表 2-16-2　输出电流变化对电路性能的影响

负载电流值/A	0.3	0.6	1.5
输出电压值/V			
输入电流值/mA			
纹波峰峰值/mV			

由表2-16-2测量数据分析:该稳压电路在输入电压一定时,由于负载变化导致输出电流改变,输出电压的稳定特性、输入电流的变化,以及导致输出电压中纹波的变化规律,并与理论分析值对比。

③ 稳压电源效率的计算

利用表2-16-1和表2-16-2测量的数据,就可以计算出该开关稳压电源在不同工作状态时的效率,完成表2-16-3。

表 2-16-3　开关稳压电路的转换效率

效率	输出电流 $I_O = 0.3\,A$	输出电流 $I_O = 0.6\,A$	输出电流 $I_O = 1.5\,A$
输入 $U_I = 6\,V$			
输入 $U_I = 12\,V$			
输入 $U_I = 18\,V$			

由表 2-16-3 的计算结果分析:开关稳压电源的效率与不同的输入、输出之间的关系,总体而言,与实验 2.15 线性稳压电源实验相比其效率的区别。

（3）电路参数调整对稳压电路性能的影响

将电路连接状态中的 J22 由开路改为短路,即将电路的开关工作频率由原来的 250 kHz 调整到 500 kHz,同时将 J13 和 J15 短接改为 J19 和 J15 短接,输出电感选择为 15 μH,其他状态不变,通过测量输出端纹波电压的峰峰值,分析工作频率对输出纹波的影响,完成表 2-16-4(其中开关频率为 250 kHz 的数据由前面的实验得到)。

表 2-16-4　不同开关频率对输出纹波的影响

输出纹波电压峰峰值/mV	开关频率为 250 kHz	开关频率为 500 kHz
$U_1=6$ V, $I_O=0.7$ A		
$U_1=12$ V, $I_O=1.5$ A		

由表 2-16-4 测量数据分析:该开关稳压电路在不同的开关频率工作时,其输出的纹波值与工作频率的关系,分析其理论依据。

4. 实验注意事项

开关稳压电源实验的仪器连接方式

开关稳压电源的输出电流一般比较大,可以用直流电子负载完成指标参数的测量,直流电子负载的使用方式可以参阅相应的仪器使用说明。电压电流测量的一般连接方式可以查阅二维码。

直流电子负载
使用说明书

PML-BUCK
使用说明

四、选做实验

1. 实验内容

利用 TPS54160 器件,完成 DC-DC 电路的设计仿真。要求输出电压为 5 V,输出最大电流为 1.5 A,开关工作频率为 250 kHz。

2. 实验要求

（1）认真研读器件数据手册,完成电路的设计;

（2）仿真测量所设计电路的性能指标;

（3）利用仿真工具研究电路参数对电路性能的影响;

（4）其他参数指标的测量分析,如研究开关工作频率与电感电容、效率的关系等。

五、设计指导

开关稳压电源的设计相对比较复杂,可以利用 EDA 软件辅助电路设计,一般的器件生产厂商都会提供相应的仿真设计软件,以 TI 公司提供的开关稳压电源设计工具软件 WEBENCH 为例,其设计步骤请查看二维码。

WEBENCH
设计步骤

第3章 | 模拟电子电路综合设计实验

本章内容包括 4 个综合设计型实验,分别为:可控增益放大器的设计、光线强弱测量显示电路的设计、波形产生分解与合成电路设计以及音响放大系统设计。每个实验项目都有明确的实际应用场景,实验项目从基本要求、提高要求和创新发挥 3 个不同层次提出不同的性能指标要求,既保证每位学生可以通过实验构建一个基本的应用系统,同时又能体现高阶性、创新性和挑战度,为学有余力的学生提供创新发展空间。每个实验项目包括:基本信息、实验目的、实验内容、实验要求、预习思考、设计指导、应用拓展、考核要求及注意事项等内容,引导学生掌握设计应用系统的思路和方法,提高学生解决复杂工程问题的能力。

3.1 可控增益放大器的设计

可控增益放大器的设计
(PPT)

一、基本信息

(1)课时安排:课内 6 学时＋课外开放。

(2)实验基础:基本比例放大电路、精密整流电路设计、比较器电路实验研究等。

(3)过程要求:实验前完成实验预习、部分电路预搭;

　　　　　　实验中完成实验的功能及性能指标测试;

　　　　　　实验后提交实验报告。

基本比例
放大电路
(PPT)

二、实验目的

(1)进一步熟悉 Multisim 软件仿真功能;

(2)掌握利用运算放大器构成可控增益放大器的基本框架及实现方式;

比较器电路
实验研究
(PPT)

（3）掌握基本单元电路的设计、实验测量过程、性能分析等实验内容；

（4）掌握数字信号与模拟信号的级联、切换的方法；

（5）了解可控增益放大器的实际应用场合及常用器件。

三、实验内容

精密整流
电路设计
（PPT）

利用基本单元电路实验基础，如：实验 2.1 基本比例放大电路、实验 2.6 比较器电路实验研究、实验 2.9 精密整流电路设计等知识，以及数字电路中关于编码、电子开关等概念完成本实验的基本要求和提高要求；创新发挥部分可以采用 AD、程控放大等知识，以使系统更加完整。实现将模拟电路、数字电路及其他课程知识有机结合，培养学生的系统设计能力。

用运算放大器设计一个增益可控的电压放大电路，其输入电阻不小于 $100\ \text{k}\Omega$，输出电阻不大于 $1\ \text{k}\Omega$，并能够根据输入信号幅值自动切换增益。

基本比例
放大电路
（视频）

电路实现的功能与技术指标如下：

1. 基本要求

（1）放大器具有 0.1 倍、1 倍、10 倍三挡不同的增益，可以用连线改变增益，也可以用拨动开关切换增益，还可以用模拟电子开关切换增益。

（2）输入一个幅度为 $0.1\ \text{V}\sim10\ \text{V}$ 的可调直流信号，根据输入电压的大小自动切换不同的增益值，使放大器的输出电压在 $0.5\ \text{V}\sim5\ \text{V}$ 范围内。

比较器电路
实验研究
（视频）

2. 提高要求

（1）输入一个正弦信号，频率为 $1\ \text{kHz}$，峰峰值在 $0.1\ \text{V}\sim10\ \text{V}$ 范围内变化，根据输入信号的峰峰值自动切换放大电路的增益值，使输出电压峰峰值控制在 $0.5\ \text{V}\sim5\ \text{V}$ 范围内。

（2）能显示出不同的增益。

3. 创新发挥

精密整流
电路设计
（视频）

自学 AD、DA、MCU、PFGA 等相关知识，利用通用的可控增益放大器，设计制作实用的可控增益放大电路。

四、实验要求

（1）根据实验内容、技术指标及实验室现有条件，自选方案设计出原理图，分析工作原理，计算元件参数。

（2）利用 Multisim 软件进行仿真，并优化设计。

（3）实际搭试所设计电路，使之达到设计要求。

（4）按照设计要求对调试好的硬件电路进行测试，记录测试数据，分析电路性能指标。

（5）用示波器 X－Y 方式，测量电路的电压传输特性曲线，计算传输特性的斜率与转折点值。

(6) 撰写实验报告。

五、设计指导

1. 明确设计任务要求,确定总体方案

(1) 对系统的设计任务进行具体分析,充分理解题目的要求、每项指标的含义。

(2) 针对系统提出的任务、要求和条件,查阅资料,广开思路,提出尽量多的不同方案;仔细分析每个方案的可行性和优缺点,加以比较,从中选取合适的方案。

(3) 将系统分解成若干个模块,明确每个模块的功能、各模块之间的连接关系以及信号在各模块之间的流向等。构建总体方案与框图,清晰地表示系统的工作原理、各单元电路的功能、信号的流向及各单元电路间的关系,如图 3-1-1 所示。

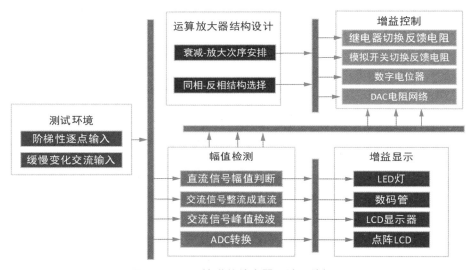

图 3-1-1 可控增益放大器设计系统框图

2. 增益控制的基本方法

在一定范围内,运算放大器增益主要取决于反馈电阻与输入端电阻的比值关系。改变增益一般可以通过改变反馈电阻的阻值来实现,如图 3-1-2 所示为常用的电路实现方式。图中,电容 C 确保了稳定性,并在切换增益时保持输出电压不变。开关控制信号关闭一个开关,再打开另一个开关,会有几纳秒延时,此时运算放大器为开环,如没有反馈电容 C,输出会出现摆动,电容确保在开关期间保持输出电压不变。

改变反馈电阻可以利用开关 $S_1 \sim S_4$ 的通断来完成,$S_1 \sim S_4$ 可以有以下几种实现方式:

(1) 直接利用连接线或拨动开关;

（2）利用继电器的通断完成开关切换；

（3）采用模拟电子开关。

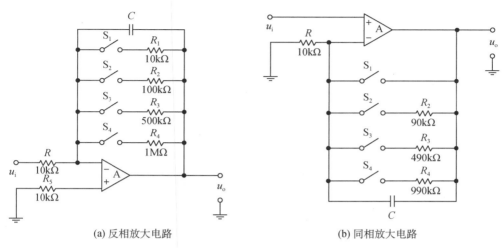

(a) 反相放大电路　　　　　　　　　　(b) 同相放大电路

图 3-1-2　增益切换放大电路设计

3. 模拟电子开关

采用模拟开关切换电阻是一种常用的改变放大电路增益的方式，模拟电子开关型号很多，如 CD4051、CD4052、CD4053、ADG408、ADG409 等，使用时需要注意选择正确的模拟开关的工作电源，也要注意模拟开关有一定阻值的导通电阻。图 3-1-3 所示为 CD4052 的功能图，图 3-1-4 为 CD4052 的管脚图。具体参数和使用方法请参考 CD4052 数据手册。

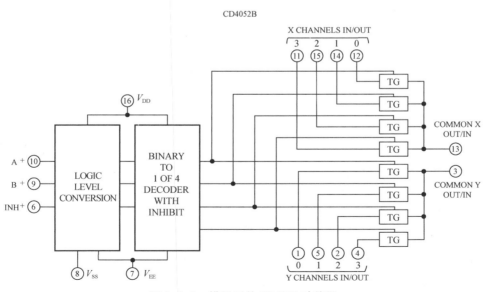

4051～4053
数据手册

ADG409
数据手册

图 3-1-3　模拟开关 CD4052 功能图

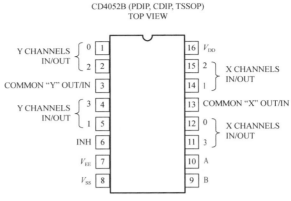

图 3-1-4　模拟开关 CD4052 管脚图

4. 检测判断输入信号的方法

为了使输出信号在规定的电压范围内,必须根据输入信号的幅度来决定放大器的增益。检测输入信号幅值有以下一些常用的方法:

(1) 对直流信号可以直接通过比较器检测其幅度;

(2) 对交流信号可以先进行整流,再对整流后的信号做平滑滤波处理,从而得到与输入交流信号对应的直流信号值,利用比较器完成幅值的判断。图 3-1-5 所示为最简单的峰值检测电路,利用二极管整流、电容滤波的特性完成对信号峰值的检测。显然,二极管的导通压降将影响到检测的电压值。

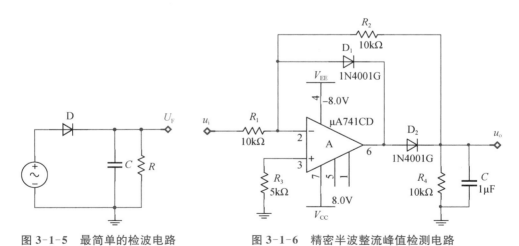

图 3-1-5　最简单的检波电路　　　图 3-1-6　精密半波整流峰值检测电路

(3) 图 3-1-6 为利用精密整流电路设计的峰值检测电路,其工作原理请参阅实验 2.9 精密整流电路设计。

(4) 选用专用的峰值检测器,得到输出信号的峰值,利用比较器判断信号范围;

(5) 其他方法。

5. 计算机仿真优化

（1）系统的实现方案、电路设计、参数计算和元器件参数基本确定后,先利用Multisim软件对设计的单元电路进行仿真,优化调整电路结构和元器件参数,直至达到指标要求。

（2）将各单元电路连接起来仿真,看总体指标是否达到要求、各模块之间配合是否合理、信号流向是否顺畅,如果发现有问题,还要重新审视各部分电路的设计,进一步调整,改进各部分电路的设计和连接关系,这一过程可能要反复多次,直到计算机仿真结果证明电路设计正确为止。

（3）自拟测试表格,要求能将各个单元电路、总体电路的特性完整表示出来。

六、应用拓展

1. AGC 电路

AGC(Automatic Gain Control)电路,即自动增益控制电路,是一种能自动调整放大电路增益的电路。AGC电路可以在输入信息幅度变化的情况下,自动调整放大电路增益,从而使输出信号幅度保持在一个相对稳定的数值。AGC电路被广泛应用于无线通信、音视频放大器、广播电视接收机等领域。

AGC电路的基本工作原理为:通过对输入信号进行检测,得到一个反映信号强度的控制电压,然后将该控制电压与原设置的放大电路增益控制电压比较,控制放大电路增益值,使输出信号幅度保持相对稳定。(也有通过检测输出信号值来调整放大器增益的方式)

AGC电路一般由电平检测器(峰值检波电路)、低通滤波器、直流放大器、电压比较器、控制电压产生器和可控增益放大器等组成,其中可控增益放大器是实现增益控制的关键。可以选用高性能的专用可控增益放大器 VGA(Variable Gain Amplifier)器件,如 AD603、VCA810、VCA821 等。

AD603
数据手册

2. 峰值检测电路

峰值检测电路(PKD,Peak Detector)是用来检测交流电压峰值的电路,可以使输出电压的大小一直追随输入信号的峰值。峰值检测电路在 AGC 电路与传感器最值求取电路中应用广泛,一般也作为程控增益放大器倍数选择的判断依据。

最简单的峰值检测电路可以利用二极管半波整流、电容滤波电路实现,也可以选用性能比较好的专用集成器件,如常用的有效值检测芯片 AD637 等。

VCA810
数据手册

VCA821
数据手册

七、考核要求

AD637
数据手册

（1）预习报告;

（2）实验过程;

（3）实验验收(见验收表 3-1-1 所示);

（4）实验报告。

表 3-1-1　实验验收表

可控增益放大器的设计验收表																							
			基本要求（直流）（占 60%）											提高要求（交流）（占 40%）									
			基本要求（1）						基本要求（2）						0.1 倍增益		1 倍增益		10 倍增益				
日期	学号	姓名	0.1 倍增益		1 倍增益		10 倍增益		增益切换方式	0.1 倍增益		1 倍增益		10 倍增益							检测方法	概念理解程度	操作熟练程度	备注
			输入范围	输出范围	输入范围	输出范围	输入范围	输出范围		输入范围	输出范围	输入范围	输出范围	输入范围	输出范围	输入范围	输出范围	输入范围	输出范围	输入范围	输出范围				

八、注意事项

（1）注意模拟开关 CD4052 的电压匹配问题。

（2）对于交流信号的峰值采样，如果仅用一个二极管和一个电容实现，在信号大时结果较好，但在输入小信号时误差明显增大。如果采用精密整流电路，即用运放与二极管的特性实现整流时，输出电压不再受二极管管压降的影响。

（3）由于增益有一挡为 0.1 倍，请注意选择电路结构或电路设计方式。

（4）注意电路的输入电阻不小于 100 kΩ 的要求。

3.2　光线强弱测量显示电路的设计

光线强弱测量显示电路的设计（PPT）

基本比例放大电路（PPT）

一、基本信息

（1）课时安排：课内 6 学时＋课外开放。

（2）实验基础：基本比例放大电路、比较器电路实验研究、波形产生电路的设计、555定时器电路实验等。

（3）过程要求：实验前完成实验预习、部分电路预搭；

实验中完成实验的功能及性能指标测试；

实验后提交实验报告。

二、实验目的

（1）进一步熟悉 Multisim 软件仿真功能；

（2）初步了解和熟悉传感器的检测技术及应用；

（3）掌握利用运算放大器构成各种电路的元件参数计算方法；

（4）掌握 V/F 转换电路的工作原理和基本电路结构；

（5）掌握数字信号的计数锁存与显示的方法；

（6）掌握数字信号与模拟信号的级联、切换的方法。

三、实验内容

利用光敏电阻及运算放大器等器件，设计一个光线强弱测量电路，要求电路能自动测量光线的强度，并按设计要求的方式显示测量值。

电路实现的功能与技术指标如下：

1. 基本要求

（1）研究光敏电阻性能，设计一个放大电路，要求输出电压能随光线的强弱变化而变化。根据给定的光强变化范围，用万用表（电压表）显示输出电压值。显示的电压值与表 3-2-1 光照度对应，光照度从 260 lx 到 8 000 lx，对应的输出电压为 1 V 到 10 V，列表给出显示的电压值与光照度的对应关系。

（2）设计一个分挡显示电路，光照度在 260 lx 到 8 000 lx 变化范围内分 4 挡（参考表 3-2-1 的分挡），用发光二极管显示对应光照度的范围并列表表示它们的关系。

2. 提高要求

（1）设计一个矩形波发生器，要求其输出波形的高电平脉冲宽度随控制电压的变化而变化，控制电压就是在基本要求中已经设计完成的随光照度变化的输出电压值（1 V～10 V）；

（2）利用固定时钟信号，对上述矩形波的高电平脉冲宽度进行计数，并用数码管显示所计的数值。列表给出显示的数值和光照度的对应关系。

3. 创新发挥

自学 AD、MCU、PFGA 等相关知识，设计完成光照度对应电压的采集、转换、计算、显示等相应功能。

四、实验要求

（1）根据实验内容、技术指标及实验室现有条件，自选方案设计原理图，分析工作原

比较器电路
实验研究
（PPT）

波形产生
分解与合成
电路设计
（PPT）

555 定时器
电路实验
（PPT）

基本比例
放大电路
（PPT）

比较器电路
实验研究
（视频）

波形产生
电路的设计
（视频）

555 定时器
电路实验
（视频）

理,计算元件参数。

(2) 利用 Multisim 软件进行仿真,并优化设计。

(3) 实际搭试所设计电路,使之达到设计要求。

(4) 按照设计要求对调试好的硬件电路进行测试,记录测试数据,分析电路性能指标。

(5) 撰写实验报告。

五、设计指导

1. 明确设计任务要求,确定总体方案

(1) 对实验的设计任务进行具体分析,充分理解题目的要求、每项指标的含义。

(2) 针对实验提出的任务、要求和条件,查阅资料,广开思路,提出尽量多的不同方案;仔细分析每个方案的可行性和优缺点,加以比较,从中选取合适的方案。

(3) 将系统分解成若干个模块,明确每个模块的功能、各模块之间的连接关系以及信号在各模块之间的流向等。构建总体方案与框图,清晰地表示系统的工作原理、各单元电路的功能、信号的流向及各单元电路间的关系,如图 3-2-1 所示。

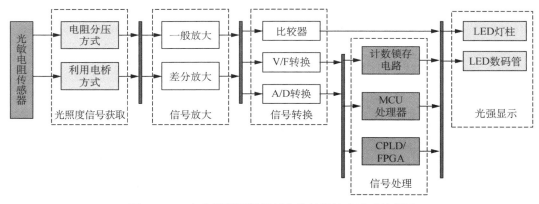

图 3-2-1　光线强弱测量显示电路的设计实验系统框图

2. 光敏电阻测量电路的设计

光敏电阻型号及参数

光敏电阻属于半导体光敏器件,具有灵敏度高、反应速度快、光谱特性及 R 值一致性好等特点,在高温、多湿的恶劣环境下,能保持高度的稳定性和可靠性,广泛应用于照相机、太阳能庭院灯、草坪灯、验钞机、石英钟、音乐杯、礼品盒、迷你小夜灯、光声控开关、路灯自动开关以及各种光控玩具、光控灯具等光自动开关控制领域,也可以用作测量光线强弱的传感器构成自动测量装置。

例如本实验选用的光敏电阻型号为:5516,其电阻值和光照度变化的对应关系如表 3-2-1 所示。

注意:数据是在实验室现有条件下对照商用光照度计测量所得。

表 3-2-1　光敏电阻 5516 光照度与对应电阻的关系表

分挡	光照度/lx	照在光敏电阻后阻值/Ω
1	125～170	1.25 k～1.3 k
2	240～310	800～900
3	520～680	560～600
4	2 900～3 500	260～290
5	6 800～8 800	170～200
6	14 000～17 000	130～160

由表 3-2-1 可以看出,光敏电阻在不同的光照度下,其对应的电阻值不同,光照度越大,其电阻值越小,所以通过测量电阻的变化就能测量出对应的光照度。可以利用直接分压、电桥等方法,将变化的电阻值转换成变化的电压,根据电压变化范围和输出电压的设计要求,选用合适的放大器并设计相关参数,完成基本要求部分的设计。

3. 光照度分挡显示电路的设计

光照度分挡显示电路,就是一个多参考电压的比较器,根据不同的光照度通过转换、放大后对应的电压值,设置几个合理的比较器参考电压,通过比较器输出的高低电压使对应的发光二极管点亮或熄灭。

4. 可变脉宽矩形波发生器的设计

可变脉宽矩形波发生器可以看成是一个压控振荡器,通过施加不同的电压,使输出波形的高电平脉宽发生变化,可以有多种方式实现,如采用 555 定时器构建电路。555 定时器的第 5 脚电压可以控制电路的参考电压值,用 555 定时器构成矩形波发生器时,如果在第 5 脚加上一个变化的电压,将导致输出矩形波的脉冲宽度随第 5 脚电压的变化而变化,达到设计要求。

5. 计数显示电路的设计

计数电路可以采用通用计数器如 74LS161,所计数值可以通过 BCD 码译码(如74LS47、74LS48)显示电路完成显示。设计时要注意的是:在每次开始计数前计数器要清零,为了显示稳定的计数值,需要锁存计算值,可以采用一般的锁存器,也可以利用74LS161 的并行数据输入方式,以稳定前一级计数器的计数值。

6. 定量校准

为了验证实验装置的性能指标是否达到设计要求,可以利用商用的光照度计进行校准。将光敏电阻和光照度计平行放在一起,尽可能保证光敏电阻和光照度计在基本相同的光照环境下,通过遮挡或增加光源的方式,对比实验装置显示数值与光照度计显示数值是否满足设计要求。不做定量测试时,可以用手机的电筒功能,通过调整手机电筒与光敏电阻的远近来控制光照度,检查电路功能是否正确。

TLC555
数据手册

74LS161
数据手册

74LS47
数据手册

74LS48
数据手册

六、应用拓展

（1）热敏电阻是敏感元件的一类,按照温度系数不同分为正温度系数热敏电阻器（PTC）和负温度系数热敏电阻器（NTC）。热敏电阻器的典型特点是对温度敏感,不同的温度表现出不同的电阻值。正温度系数热敏电阻器（PTC）在温度越高时电阻值越大,负温度系数热敏电阻器（NTC）在温度越高时电阻值越低,它们同属于半导体器件。

（2）电阻应变片,是利用电阻材料的应变效应,将结构件的内部变形,转换为电阻变化的一种传感器。将应变片粘贴在被测物上,里面的金属材料就随着被测物的应变伸长或缩短,其阻值也会发生相应的变化,通过测量电阻的变化进行数据分析,就可以获取被测物的应力变化,力矩、压力、加速度、重量等数据,目前应变片已经被广泛应用在桥梁、隧道、土木建筑、大坝等领域。

七、考核要求

（1）预习报告；
（2）实验过程；
（3）实验验收（验收表如表 3-2-2 所示）；
（4）实验报告。

表 3-2-2　实验验收表

二、光线强弱测量显示电路的设计验收表										
日期	学号	姓名	基本要求（占 70%）				提高要求（占 30%）		概念理解程度	操作熟练程度	备注
			挡位	光照度	电压值显示	发光管显示	矩形波发生器	数码管显示			

八、注意事项

（1）因为光照度变化非常大,测量时眼睛不要直视光源。

（2）本实验内容中包含模拟电路和数字电路的内容,需要实验者对数字电路知识有所了解和掌握,也要注意模拟信号和数字信号之间的有效连接。

（3）不同的光敏电阻特性不同,表 3-2-1 所示特性仅供参考,具体实验用的光敏电阻特性要先做测量。

3.3　波形产生、分解与合成电路设计

一、基本信息

（1）课时安排：课内 6 学时＋课外开放。

（2）实验基础：加减运算电路的设计、有源滤波器实验研究、波形产生电路的设计等。

（3）过程要求：实验前完成实验预习、部分预搭；

　　　　　　　　实验中完成实验的功能及性能指标；

　　　　　　　　实验后提交实验报告。

波形产生
分解与合
成电路设计
（PPT）

波形产生电路
的设计
（PPT）

二、实验目的

（1）掌握方波信号产生的基本原理和基本方法，电路参数的分析计算方法，各参数对电路性能的影响；

（2）掌握由运算放大器组成的 RC 有源滤波器的工作原理，熟练掌握 RC 有源滤波器基本参数的测量方法和工程设计方法；

（3）掌握移相电路设计原理与方法；

（4）掌握比例加法合成器的基本类型、选型原则和设计方法；

（5）掌握多级电路的级联安装调试技巧；

（6）进一步熟悉 Filter Design Tool、Multisim 等仿真软件的功能及使用方法。

有源滤波器
实验研究
（PPT）

三、实验内容

设计制作一个电路使之能够产生方波，并从方波中分离出主要谐波，再将这些谐波按比例合成，与原方波信号比较。

电路实现的功能与技术指标为：

1. 基本要求

（1）设计一个方波产生电路，要求其频率为 500 Hz，幅度为±6 V；

（2）设计合适的滤波器，从方波中提取出基波和 3 次谐波；

（3）设计移相电路，使高次谐波与基波之间的初始相位差为零；

（4）设计一个加法器电路，将基波和 3 次谐波按一定规律相加，将合成后的信号与原方波信号比较，分析它们的区别及原因。

加减运算
电路的设计
（PPT）

有源滤波器
实验研究
（视频）

2. 提高要求

设计 5 次谐波滤波器及移相电路,调整各次谐波的幅度和相位,按一定规律相加,将合成后的信号与原方波信号比较,并与基本要求部分作对比,分析它们的区别及原因。

3. 创新发挥

用类似方式产生分解与合成其他非正弦周期信号,如三角波、锯齿波等。

加减运算
电路的设计
（视频）

四、实验要求

（1）前期准备:利用电路理论分析该实验所涉及的原理,非正弦波形的测试技术(测量周期、频率、幅度,双通道波形测量和比较,波形的 FFT 等),掌握低通和带通滤波器、移相器、比例加法器的基本类型、选型原则和设计方法。

filterpro 软件
使用介绍

（2）功能电路的设计和实验方案论证:自行选择方案进行设计,利用 Multisim、Filter Design Tool 等工具软件通过仿真调试,论证设计效果并确定测试方案。功能电路的设计和方案论证需体现在设计报告中。对所涉及的基本电路模块如信号产生电路、低通滤波器、带通滤波器、移相器、比例加法器等逐个设计,确定电路结构及参数,仿真其功能。

（3）实际搭试所设计电路,使之达到设计要求。

（4）按照设计要求对调试好的硬件电路进行测试,记录测试数据,分析电路性能指标。

（5）电路级联调试:掌握多级电路的安装调试技巧。

（6）利用示波器的 FFT 功能观察记录各次谐波分量。

（7）撰写实验报告。

五、设计指导

1. 系统设计

非正弦周期信号可以通过 Fourier 分解成直流、基波以及与基波成自然倍数的高次谐波的叠加。

总体设计电路由周期信号产生电路、波形分解电路(滤波器)、相位调节(移相电路)、幅值调节与合成电路组成,如图 3-3-1 所示。其中,并行的滤波器电路将波形分解为各次谐波;各部分谐波再经过移相器和比例加法器合成为与原信号相近的波形。

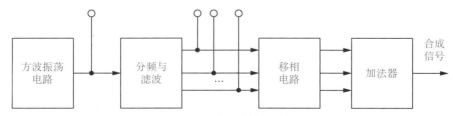

图 3-3-1　实验电路的总体框架图

2. 非正弦周期信号的分解与合成

对非正弦周期信号 $f(t)$，其周期为 T，频率为 f，则可以分解为无穷项谐波之和，即：

$$f(t) = c_0 + \sum_{n=1}^{\infty} c_n \sin\left(\frac{2\pi n}{T}t + \varphi_n\right) = c_0 + \sum_{n=1}^{\infty} c_n \sin(2\pi n f t + \varphi_n) \qquad (3.3.1)$$

式（3.3.1）表明，各次谐波的频率分别是基波频率 f 的整数倍。

例如：方波信号可以分解为：

$$f(t) = \frac{4U}{\pi}\left(\sin\omega t + \frac{1}{3}\sin3\omega t + \frac{1}{5}\sin5\omega t + \frac{1}{7}\sin7\omega t + \cdots\cdots\right) \qquad (3.3.2)$$

由 1、3、5、7 等奇次波构成，$2n-1$ 次谐波的峰值为基波峰值 $\frac{4U}{\pi}$ 的 $\frac{1}{2n-1}$ 倍。只要选择符合上述规律的各次谐波组合在一起，便可以近似合成相应的方波。显然，随着谐波次数的增多合成后就越接近方波。

图 3-3-2 所示为用前几次谐波近似合成的方波示意图。

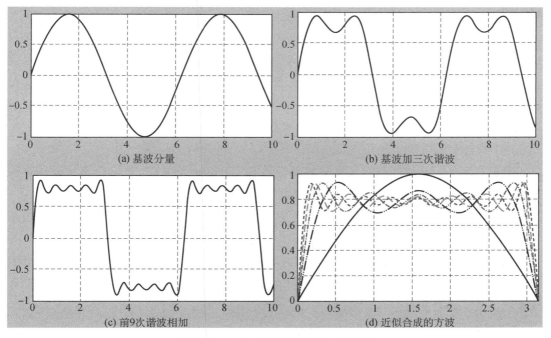

图 3-3-2　由多次谐波近似合成方波

由图 3-3-2 可以看出，随着叠加的谐波次数的增加，合成的波形也越来越接近于原方波信号。

注意"吉布斯现象"：将具有不连续点的周期函数（如矩形脉冲）进行傅里叶级数展开后，选取有限项进行合成。当选取的项数越多，在所合成的波形中出现的峰起越靠近原信号的不连续点。当选取的项数很大时，该峰起值趋于一个常数，大约等于总跳变值的 9%。

同理，只要选择符合要求的不同频率、幅值及相位关系的谐波叠加，就可近似地合成相应的三角波、锯齿波等非正弦周期波形。

3. 滤波电路及加法电路的设计

（1）通过无源电路实现

RC 带通滤波器可以看作为低通滤波器和高通滤波器的串联，其电路及其幅频、相频特性如图 3-3-3 所示。

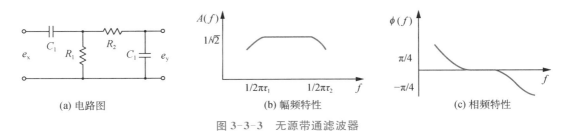

(a) 电路图　　　　　　　　(b) 幅频特性　　　　　　　　(c) 相频特性

图 3-3-3　无源带通滤波器

这时极低和极高的频率成分都完全被阻挡，不能通过；只有位于通带内的信号频率成分能通过。

注意，当高、低通两级串联时，应考虑两级之间的相互影响，因为后一级成为前一级的"负载"，而前一级又是后一级的信号源内阻。同时，所需要的信号经过 RC 滤波器分离出来后，幅度都有一定衰减。实际上，两级间常用射极输出器或者用运算放大器进行隔离并放大，所以实际的带通滤波器常常是有源的。有源滤波器由 RC 网络和运算放大器组成。运算放大器既可起级间隔离作用，又可起信号幅值的放大作用。

（2）通过有源电路实现

通过有源低通滤波器和有源高通滤波器级联实现带通滤波器，也可以直接设计有源带通滤波器，可节省元器件，而且也为电路参数的选择与调整带来了便利。

有源滤波器设计中选择运算放大器主要考虑带宽、增益范围、噪声、动态范围这四个参数。

① 带宽：选择运算放大器设计滤波器时，一个通用的规则就是确保它具有所希望滤波器频率 10 倍以上的带宽，最好是 20 倍的带宽。如果设计一个高通滤波器，则要确保运算放大器的带宽满足所有信号通过。

② 增益范围：有源滤波器设计需要有一定的增益。如果所选择的运算放大器是一个电压反馈型的放大器，使用较大的增益将会导致其带宽低于预期的最大带宽，并会在最差的情况下振荡。对一个电流反馈型运算放大器来说，增益取的不合适将被迫使用对于实际应用来说太小或太大的电阻。

③ 噪声：运算放大器的输入电压和输入电流的噪声将影响滤波器输出端的噪声。在噪声为主要考虑因素的应用中，需要考虑这些影响（以及电路中的电阻所产生热噪声的影响），以确定所有这些噪声的叠加是否处在有源滤波器可接受的范围内。

④ 动态范围：具有高 Q 值的滤波器，中间信号有可能大于输入信号或者大于输出信

号。设计滤波器时,所有信号必须能够通过且无削波或过度失真的情况。

有很多专业的有源滤波器设计软件,如德州仪器的 Filter Design Tool、国家半导体 WEBENCH® 中的 Active Filter Designer、Nuhertz Technologies 的 Filter Solutions 等。这些软件可以根据设计指标要求很快的算出电路参数,很大程度上节省了开发周期。

(3)移相电路

常用的移相电路如图 3-3-4 所示,图(a)为超前移相电路,图(b)为滞后移相电路。推导过程及分析可以参考"2.5 有源滤波器实验研究"。

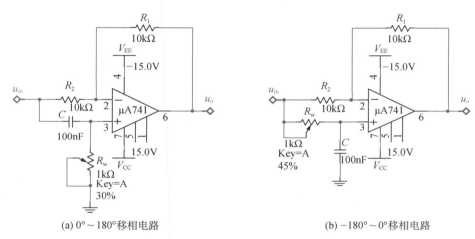

(a) 0°～180°移相电路　　　　　　　　　　(b) −180°～0°移相电路

图 3-3-4　移相电路

本实验中可以取 $R_1=R_2=10\text{ k}\Omega$,电容选用 100 nF,电位器选用 1 kΩ。根据实际的情况来选择以上两种移相电路,其中第一种移相器的可移动相位角为 0°～180°,第二种移相器的可移动相位角为 −180°～0°。

(4)加法电路

加法器可以由简单的反相加法电路构成,通过调节输入端的电位器来调整输入信号的幅度,参考"实验 2.2 加减运算电路的设计"。

4.波形合成时要调整各次谐波的初始相位差

各高次谐波与基波之间的初始相位差一般不为零,合成时一定要保证基波与各次谐波相位差为零,有两种常用的方法:

方法一:以基波和三次谐波为例,只在三次谐波接上移相电路,用双通道示波器观察基波和移相后的三次谐波,调节移相电路中的电位器,保证移相后三次谐波与基波的相位差为零即可,再用加法电路进行合成,如图 3-3-5(a)所示,不过合成后的波形与方波会有些相位差。

方法二:滤波后得到的基波也接入移相电路,调节移相电路中的电位器,保证与滤波前的方波信号的相位差为零即可,三次谐波,五次谐波以此类推,然后用加法电路进行合成,合成后的波形与方波没有相位差,如图 3-3-5(b)所示。

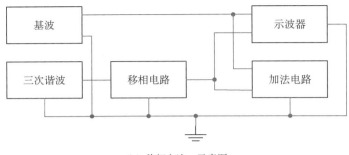

（a）移相方法一示意图

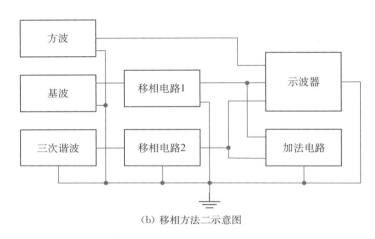

（b）移相方法二示意图

图 3-3-5　移相方案示意图

六、应用拓展

AD9850
数据手册

AD9852
数据手册

AD9854
数据手册

　　DDS 技术:直接数字合成技术(Direct Digital Synthesizer)是采用数字技术产生波形的一种频率合成技术。可以用 FPGA、MCU 等实现,也有专用的 DDS 芯片(例如 AD9850、AD9852、AD9854 等),DDS 信号源可以产生高稳定性、高精度的可调频率与相位的信号,在通信、测量、雷达等领域具有广泛的应用。

　　DDS 信号源是一种基于直接数字合成技术的信号发生器,主要包括时钟模块、数字控制模块、相位累加器、数模转换器、滤波器和输出放大器等组成部分,其工作原理及基本流程如下:

　　(1) 时钟模块:高稳定性的时钟模块,它提供一个固定频率的时钟信号,通常为晶振产生的参考时钟信号。

　　(2) 数字控制模块:用于接收外部输入的频率和相位控制信号,并将其转换为数字控制信号,包括频率控制字和相位控制字,用于控制 DDS 的工作状态。

（3）相位累加器：通过累加相位控制字来产生一个连续的相位信号。相位累加器的输出信号经过数模转换器转换为模拟信号，然后经过滤波器进行滤波。

（4）数模转换器：将相位累加器的输出信号进行数模转换，生成一个连续的模拟信号。

（5）滤波器：用于对数模转换器输出的信号进行滤波，去除不需要的高频成分，得到所需的频率信号。

（6）输出放大器：将经过滤波器处理后的信号放大到合适的幅度，以便输出到外部设备或电路中。

七、考核要求

（1）预习报告；

（2）实验过程；

（3）实验验收（见验收表 3-3-1 所示）；

（4）实验报告。

表 3-3-1　实验验收表

		\multicolumn{12}{c}{波形产生、分解与合成的电路设计验收表}			
		方波			谐波								合成				
学号	姓名	频率	幅度	记录波形	基波频率	基波幅度	记录波形	3次谐波频率	3次谐波幅度	3次谐波与基波相位差	移相电路移相角度	记录波形	FFT	频率	幅度	记录波形	概念理解程度	操作熟练程度

八、注意事项

（1）用 Filter Design Tool 等软件辅助设计时，要注意运放的增益带宽积，优先考虑带宽，其次是增益，效果会更好一些。

（2）在使用 Filter Design Tool 软件的时候，一般将"set order"之前的复选框打钩，否则设计出来的滤波电路为多阶的。

（3）调相位偏移是一个比较细的过程，分为超前和滞后两种调相方式，当一种调相电路不能满足的时候，可以尝试另外一种电路。

（4）电位器存在温漂和不稳定性，所以不能为了调节省事而将电路中的电阻全部用电位器代替，这样不但不利于电路的调试，也很难保证电路的稳定。

音响放大
系统设计
(PPT)

3.4　音响放大系统设计

一、基本信息

基本比例
放大电路
(PPT)

(1) 课时安排：课内 6 学时＋课外开放。

(2) 实验基础：基本比例放大电路、加减运算电路的设计、有源滤波器实验研究、功率放大电路的设计。

(3) 过程要求：实验前完成实验预习、部分电路预搭；

　　　　　　　实验中完成实验的功能及性能指标；

　　　　　　　实验后提交实验报告。

加减运算电路
的设计(PPT)

二、实验目的

(1) 掌握音响放大系统的设计方法和调试方法；

(2) 掌握基本单元电路的设计、实验测量过程、性能分析等实验内容；

(3) 掌握由多个单元电路构成模拟电子系统的方法；

有源滤波器
实验研究
(PPT)

(4) 理解电子系统中有大小信号时的布局走线方式，电源的滤波处理等。

三、实验内容

功率放大电路
的设计(PPT)

设计一个音响放大系统，要求对接入的背景音乐信号和话筒输入信号进行调节和混响，放大到足够的功率后在喇叭上播放。

电路实现的功能与技术指标如下：

1. 基本要求

功能要求：有两路输入，分别为话筒输入与 Line 输入，音量单独可调；两路信号混合并放大，由音量电位器控制输出功率的大小。

功率放大
电路的设计
(视频)

额定功率：不小于 0.5 W(失真度 $THD \leqslant 10\%$)。

负载阻抗：8 Ω。

频率响应：$f_L \leqslant 50$ Hz，$f_H \geqslant 20$ kHz。

输入阻抗：不小于 20 kΩ。

话音输入：不大于 5 mV。

2. 提高要求

音调控制特性：1 kHz 处增益为 0 dB，125 Hz 和 8 kHz 处有 ±12 dB 的调节范围。

3. 创新发挥

设计完成一套完整的双声道简易卡拉 OK 功放系统。

四、实验要求

（1）根据实验内容、技术指标及实验室现有条件，自选方案设计原理图，分析工作原理，计算元件参数。

（2）利用 Multisim 软件进行仿真，并优化设计。

（3）实际搭试所设计电路，使之达到设计要求。

（4）按照设计要求对调试好的硬件电路进行测试，记录测试数据，分析电路性能指标。

（5）撰写实验报告。

五、设计指导

1. 明确设计任务要求，确定总体方案

（1）对系统的设计任务进行具体分析，充分理解题目的要求、每项指标的含义。

（2）针对系统提出的任务、要求和条件，查阅资料，广开思路，提出尽量多的不同方案，仔细分析每个方案的可行性和优缺点，加以比较，从中选取合适的方案。

（3）将系统分解成若干个模块，明确每个模块的功能、各模块之间的连接关系以及信号在各模块之间的流向等。构建总体方案与框图，清晰地表示系统的工作原理、各单元电路的功能、信号的流向及各单元电路间的关系。

2. 音响放大系统电路设计

音响放大系统原理框图如图 3-4-1 所示。

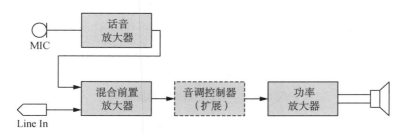

图 3-4-1　音响放大系统原理框图

（1）话音放大器

由于话筒的输出信号一般只有 5 mV 左右，而输出阻抗可能高达到 20 kΩ（也有低输出阻抗的话筒如 20 Ω、200 Ω 等），所以话音放大器的作用是不失真地放大声音信号，其输入阻抗应远大于话筒的输出阻抗，放大器带宽保证在 50 Hz～20 kHz。

（2）混合前置放大器

混合前置放大器的作用是将放大后的话音信号与 Line In 信号叠加放大，起到了混音的功能。Line In 信号可以用 MP3 输出或者手机的耳机口输出，其输出幅度在几十到上百毫伏。

（3）功率放大

功率放大器（简称功放）的作用是给音响放大器的负载——喇叭（扬声器）提供足够的输出功率。当负载一定时，希望输出的功率尽可能大，输出信号的失真尽可能小，效率尽可能高。功率放大器的常用形式有 OTL 电路和 OCL 电路等。可以用集成运算放大器和晶体管组成的功率放大器，也可以用集成功率放大器。

（4）增益分配

由输出功率为 0.5 W，负载电阻为 8 Ω 的设计要求，可以算出输出电压有效值要达到 2 V，而话音输入信号只有 5 mV，所以总的电压放大倍数需要达到 400 倍。而 Line In 输入信号幅度大约为 50 mV～100 mV，则各个功能模块的增益分配大约为：话音放大器增益为 10 倍，混合前置放大器增益为 4 倍，功率放大器增益为 10 倍，音调控制器增益为 1 倍。

3. 关于自激

由于功放级输出信号较大，对前级容易产生影响，引起自激。因此功率放大器的搭接调试对布局和布线的要求很高，搭接实验电路前要根据整体设计合理布局，级和级之间要分开，每一级的地线要接在一起，同时要尽量短，否则很容易产生自激。自激分高频自激和低频自激

（1）高频自激

多极点放大电路容易引起正反馈产生高频自激，常见的高频自激现象如图 3-4-2 所示，可以通过频率补偿的方式（如外接电容负反馈等）予以抵消。

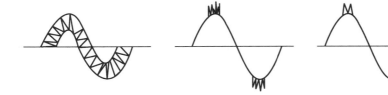

图 3-4-2　常见的高频自激现象

（2）低频自激

常见的现象是电源电流表有规则地左右摆动或输出波形上下抖动。产生这种现象的主要原因是输出信号通过电源及地线产生了正反馈，可以在电源端接入 RC 去耦滤波电路消除低频自激。

4. 音调控制部分的电路设计

音调控制器是控制和调节音响放大器的幅频特性,人为地改变高频、低频信号分量的比重,以满足听者的爱好、渲染某种气氛、达到某种效果或补偿扬声器系统及放音场所音响效果的不足。音调控制电路一般应满足或尽量达到的幅频特性如图 3-4-3 所示。图中折线(实线)为理想的幅频特性,其中 f_o 表示中音频率,一般取 1 kHz,一个良好的音调控制电路,要有足够的高、低音调节范围,但同时又要求高、低音从最强到最弱的整个调节过程里,中音信号不发生明显的幅度变化,以保证音量大致不变。

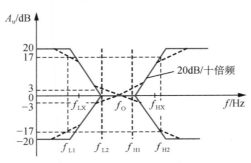

图 3-4-3　音调控制电路的幅频特性曲线

由图 3-4-3 可见,音调控制器只是对低频信号与高频信号的增益进行提升或衰减,中频信号增益保持不变,所以音调控制器是由低通滤波器与高通滤波器共同组成的。

关于音调电路的实现方法,可自行查阅相关资料,尽量不采用专用处理芯片。

5. 电路性能指标及测量方法

(1) 参数的测量

① 额定功率:音响放大器输出失真度小于某一数值时的最大功率称为额定功率,其表达式为:$P_o = U_o^2 / R_L$,其中:R_L 为额定负载阻抗,U_o 为 R_L 两端的最大不失真电压有效值。测量时函数发生器输出 $f = 1$ kHz 正弦波作为音响放大器的输入信号,功率放大器的输出端接额定负载电阻,如有音调控制器,控制器的两个电位器调节到中间位置,音量控制电位器调到最大值,用双通道示波器观察 u_i 及 u_o 的波形。(如有失真度测量仪可以监测 u_o 的失真度)。逐渐增大输入电压 u_i,直到输出的波形刚好不出现削波失真(或失真度接近设计数值),此时对应的输出电压为最大不失真输出电压,由此可算出额定功率值。

② 频率特性:调节音量旋钮使输出电压约为最大输出电压的 50%,如有音调控制器,将控制器的两个电位器调节到中间位置,话音放大器输入 $U_i = 5$ mV,测量方法和其他实验中幅频特性曲线的测量方法相同。

③ 输入阻抗:从话音放大器输入端看进去的阻抗称为输入阻抗,其测量方法和放大器的输入阻抗测量方法相同。

④ 输入灵敏度:使音响放大器输出额定功率时所需的输入电压有效值称为输入灵敏度。测量时函数发生器输出 $f = 1$ kHz 正弦波作为音响放大器的话音输入信号,功率放大器的输

出端接额定负载电阻,如有音调控制器,控制器的两个电位器调节到中间位置,音量控制电位器调到最大值,测量方法:使 u_i 从零开始逐渐增大,直到 u_o 达到额定功率的对应电压值时所对应的输入电压值即为输入灵敏度。

⑤ 噪声电压:音响放大器的输入为零时,负载 R_L 上的电压称为噪声电压。测量时功率放大器的输出端接额定负载电阻,如有音调控制器,控制器的两个电位器调节到中间位置,音量控制电位器调到最大值,输入端对地短路,用示波器测量负载 R_L 的电压波形,其有效值即为输出噪声电压。

⑥ 整机效率:在输出额定功率的情况下,将电流表串入电源 V_{CC} 支路中,测得总电流 I(双电源工作时要注意是两路电源的电流),则效率为:

$$\eta = \frac{P_o}{V_{CC} \times I}$$

⑦ 测量谐波失真度 THD:利用非线性失真仪直接测量,也可以利用数字示波器中的相应功能测量。

⑧ 音调控制特性:断开音调控制器与前后电路的连接,音调控制电路输入端接入 100 mV、1 kHz 正弦波,将两个电位器调节到中间位置,测量音调控制电路的输出信号,计算增益;再将低音音调控制电位器分别旋至最左端和最右端,频率从 10 Hz 至 1 kHz 变化,记下对应的电压增益。同样,测高频特性时是将高音音调控制电位器分别旋至最左端和最右端,频率从 1 kHz 至 20 kHz 变化,记下对应的电压增益。最后定量绘制音调控制特性曲线。音调控制特性也可由波特图测试仪测量。

(2)整机效果试听,用 8 Ω/4 W 的扬声器代替负载电阻 R_L,进行以下功能试听:

① 话音扩音:将低阻话筒接话音放大器的输入端,讲话时,扬声器传出的声音应清晰,改变音量电位器,可控制声音大小。应注意,扬声器输出的方向与话筒输入的方向相反,否则扬声器的输出声音经话筒输入后,会产生自激啸叫。

② Line-in 音乐试听:将 MP3(或手机耳机)输出的音乐信号接入混合前置放大器,扬声器传出的声音应清晰,改变音量电位器,可控制声音大小。

③ 混音功能:Line-in 音乐信号和话筒声音同时接入,扬声器传出的混合声音应清晰,适当控制话音放大器与 Line-in 输出的音量电位器,可以控制话音音量与音乐音量之间的比例。

④ 音调控制:改变音调控制器的高、低音控制电位器,扬声器的输出音调发生明显变化。

六、应用拓展

D类功率放大电路,也称为开关功率放大电路,是一种非线性功率放大电路,通常由开关管和滤波电路组成。

D类功放的工作原理:输入信号经过比较器与参考电压进行比较,确定开关管的导通或关闭状态。当输入信号大于参考电压时,开关管导通,输出电平为高电平,反之则为低电平。由于开关管的导通或关闭状态只与输入信号的大小有关,而与输入信号的具体波形无关,所以 D 类功率放大电路能够适应各种输入信号波形。

D 类功率放大电路的优点是具有高效率和低失真的特性。由于输出信号只在开关管的导通或关闭状态下存在,且开关管通常具有较低的导通电阻,因此在导通状态下的功率损耗很小,功率放大效率可以达到 90% 以上。另外,由于 D 类功率放大电路在输出信号变化时只进行开关操作,没有线性放大阶段,所以失真较小,输出信号的波形保持原始输入信号的准确性。

D 类功率放大电路也存在一些缺点。由于开关操作会产生开关噪声和高频谐波,需要通过滤波电路来抑制这些噪声和谐波;开关操作的速度较快,对开关管的驱动电路要求较高,增加了设计的复杂度。此外,D 类功率放大电路对于低频信号的放大效果较差,通常需要辅助电路来改善低频响应。

七、考核要求

(1) 预习报告;

(2) 实验过程;

(3) 实验验收(见验收表 3-4-1);

(4) 实验报告。

表 3-4-1　实验验收表

音响放大系统设计验收表																	
日期	学号	姓名	基本要求(占 80%)									提高要求(占 20%)				概念理解程度	操作熟练程度	备注
			波形						试听			音调控制电路						
			输入	话放输出	混放输出	功放输出	输入	混放输出	功放输出	MIC IN	LINE IN	混音	输入	1 kHz 输出	125 Hz 输出范围	8 kHz 输出范围			

八、注意事项

(1) 音响放大器是一个小型模拟电路系统,安装前要对整机线路进行合理布局,一般按照电路的顺序一级一级地布线,功放级应远离输入级,每一级的地线尽量接在一起、连线尽可能短,否则很容易产生自激。安装前应检查元器件的质量,安装时特别要注意功放管、运算放大器、集成功放、电解电容等主要器件的引脚和极性,不能接错。从输入级开始向后级安装,也可以从功放级开始向前逐级安装。安装一级调试一级,安装两级要进行级联调试,直到整机安装与调试完成。

（2）在面包板上搭试电路时，器件之间的连接尽量用器件管脚连接，尽量不要用通用实验箱上的元件和长连接线，否则很容易产生自激振荡。为防止功放电路对其他电路或对前级电路产生影响，功放的电源线要单独连接，接线不要交叉，并尽可能短，如图 3-4-4 所示为地线接法示意图。

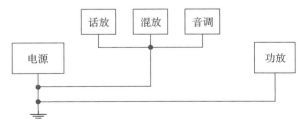

图 3-4-4　接地示意图

（3）如果话音放大的输入音源采用了驻极体话筒，要注意其接法：

驻极体话筒也称驻极体传声器，它是利用驻极体材料制成的一种特殊电容式"声—电"转换器件，是一种将声音转化为相应的电信号的传感元件。驻极体话筒具有体积小，结构简单，电声性能好，频率范围宽，高保真和低成本的特点，属于最常用的电容话筒，广泛用于盒式录音机、无线话筒及声控电路、通信设备、家用电器等电子产品中。

对应的话筒引出端分为两端式和三端式两种，如图 3-4-5 所示，其中 R 是场效应管的负载电阻，它的取值直接关系到话筒的直流偏置，对话筒的灵敏度等工作参数有较大的影响。

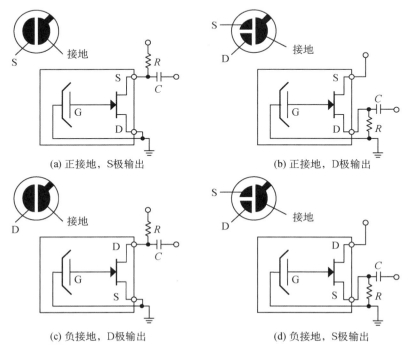

图 3-4-5　驻极体话筒电路图

两端输出方式是将场效应管接成漏极输出电路,只需两根引出线,漏极 D 与电源正极之间接一漏极电阻 R,信号由漏极输出有一定的电压增益,因而话筒的灵敏度比较高,但动态范围比较小。目前市售的驻极体话筒大多是这种方式连接,如图 3-4-5(c)所示。

三端输出方式是将场效应管接成源极输出方式,用三根引线。漏极 D 接电源正极,源极 S 与地之间接一电阻 R 来提供源极电压,信号由源极经电容 C 输出,如图 3-4-5(d)所示。源极输出的输出阻抗小于 2 kΩ,电路比较稳定,动态范围大,但输出信号比漏极输出的小。

另外还有两种连接方式如图 3-4-5(a)(b)所示。

(4) 电路的调试过程一般是先分级调试,再级联调试,最后进行整机调试与性能指标测试。电路分三级,电路总增益大约为 400～1 000,一定要合理分配每级增益,级与级之间一般采用交流耦合方式。

(5) 分级调试又分为静态调试与动态调试。调试时要用示波器监视输出波形,如发现电路产生了高频自激振荡,加接消振电容或反馈电阻来加以克服,如果已加接消振电容还发生高频自激振荡,可以调整电容或电阻值;如有低频自激振荡,可在每级电路的电源与地之间接入一个电解电容和 0.1 μF 电容并联,注意电容的耐压必须大于电源电压。

① 静态调试时:将输入端对地短路,用万用表测量该级输出端对地的直流电压。

② 动态调试时:在输入端接入合适的信号,用示波器观测该级输出波形,并测量各项性能指标是否满足题目要求,如果相差很大,应检查电路是否接错,元器件数值是否符合要求。

(6) 单级电路调试时技术指标较容易达到,但进行级联时,由于级间相互影响,可能使单级的技术指标发生很大变化,甚至两级不能进行级联。产生的主要原因:一是布线不太合理,形成级间交叉耦合,应考虑重新布线;二是级联后各级电流都要流经电源内阻,对某一级可能形成正反馈,可修改电路的供电连接方式,或在电源上接去耦滤波电路。

(7) 话筒接入后可能会啸叫,这一般是话筒外壳接地不良引起的。

(8) 在测试输出功率 P_o 时,最大输出电压测量后应迅速减小 u_i,否则会因测量时间太久而损坏功率器件。

(9) 检查验收时分波形验收与试听验收,波形验收指导教师将分别检查各级的输出波形,记录各级增益。波形调试的时候注意一定要接 8 Ω 大功率电阻,并注意不要被烫伤。试听验收分为话音扩音、Line-in 试听和混音。如无法联调,可单独验收每级电路,指导教师将根据评分要求,相应给分。

(10) 功放电路采用集成功放,也可以采用集成运放加三极管的电路结构。

第4章 | 常用元器件基本性能介绍

模拟电子电路实验中常用到的电子元器件包括电阻、电容、电感,二极管、三极管、场效应管等半导体分立器件,以及常用集成电路如运算放大器、集成功率放大器、三端集成稳压器、555集成定时器等,它们是构成模拟电子电路的基本部件。了解和掌握常用电子元器件的基本性能是正确使用的基础,也是模拟电子电路实验中电路设计、调试、测量等各个环节的重要保证。

4.1 电阻、电容及电感的性能及参数

4.1.1 电阻的性能及参数

电阻也称为电阻器,主要用来控制电压、电流的作用,如降压、分压、限流、分流、隔离、匹配及信号幅度调节等。电阻的种类很多,有固定电阻、可变电阻、排阻等。按电阻的用途可以分为:普通电阻、精密电阻、高压电阻、高频无感电阻、敏感电阻、熔断电阻等。

详细资料可以扫描二维码:

电阻的性能
及参数

4.1.2 电容的性能参数

电容也叫电容器,是一种储能元件,具有充、放电及隔直流通交流的特性,广泛应用于

各种高、低频电路和电源电路中,起到耦合、旁路、滤波、退耦、谐振、倍压、定时等作用。电容的种类很多,分类方式也有多种:按结构及电容量是否可调可以分为:固定电容和可变电容(包括微调电容);按介质材料可以分为:有机介质电容、无机介质电容、电解电容和气体介质电容;按有无极性可以分为:有极性电容和无极性电容;按封装外形可以分为:圆柱形、圆片形、管形、叠片形、长方形、珠形、方形、异形等;按引出线可以分为:轴向引线、径向引线、同向引线和贴片(无引线)等。

详细资料可以扫描二维码:

电容的性能
及参数

4.1.3　电感的性能参数

电感也称为电感线圈、电感器,是一种储能元件,具有通直流、阻交流的特性,主要作用是对交流信号进行隔离、滤波或与电容、电阻一起构成谐振电路等。电感种类很多,按照电感结构可以分为:空心电感、磁芯电感和铁芯电感;按照工作参数可以分为:固定电感、可变电感、微调电感;按照功能可以分为:谐振电感、耦合电感、扼流电感、校正电感、偏转电感等。

详细资料可以扫描二维码:

电感的性能
及参数

4.2　二极管的性能参数

在模拟电子电路实验中二极管常用于整流、检波、稳压、隔离等作用,二极管有多种类型及分类方式,按制作材料可以分为:锗、硅、砷化镓、磷化镓等;按结构可以分为:点接触型、面接触型;按用途可以分为:普通型、整流型、开关型、检波型、稳压型,以及发光二极管、激光二极管、变容二极管等;按电流容量可以分为:大功率二极管、中功率二极管、小功率二极管。

详细资料可以扫描二维码：

二极管的性能　　1N4001　　　1N4728-4764　　　1N4148
及参数　　　　数据手册　　　数据手册　　　数据手册

4.3　晶体三极管的性能参数

晶体三极管一般也称为双极型三极管或三极管，是模拟电子电路实验中用得较多的有源控制器件。三极管种类繁多，也有多种分类方式，如按导电类型分为：NPN 型三极管和 PNP 型三极管；按工作频率分为：高频三极管和低频三极管；按功率分为：小功率三极管、中功率三极管和大功率三极管。三极管在不同的应用场合可以选用不同的封装形式。

详细资料可以扫描二维码：

晶体三极管的　9012 数据手册　9013 数据手册　8050 数据手册　8550 数据手册
性能及参数

4.4　场效应三极管的性能参数

场效应三极管也称为单极型三极管或场效应管，与晶体三极管类似，也是模拟电子电路实验中经常用到的受控器件，与晶体三极管的区别在于场效应管是由电场的强弱来控制电流的大小，属于电压控制型的电流源，而晶体三极管是电流控制型的电流源。场效应管的分类比较多，按照结构可以分为：结型场效应管（JFET）和绝缘栅场效应管（IGFET），绝缘栅场效应管中常用的是 MOSFET（即金属-氧化物-半导体场效应管）；按沟道半导体材料的不同可以分为：N 沟道和 P 沟道；按导电方式可以分为：耗尽型与增强型，结型场效应管均为耗尽型，绝缘栅型场效应管既有耗尽型，也有增强型。由于场效应管具有输入电阻高、噪声小、功耗低、动态范围大、易于集成、没有二次击穿现象、安全工作区域宽等优点，已成为双极型晶体管和功率晶体管的强大竞争者。

详细资料可以扫描二维码：

场效应管性能
参数

2N5485
数据手册

4.5　运算放大器的性能参数

运算放大器,简称运放,是一个内含多级放大电路的集成器件,其基本结构一般为输入级采用差分放大电路,具有高输入电阻和抑制零点漂移能力;中间级主要进行电压放大,具有高电压放大倍数;输出极与负载相连,具有带载能力强、输出电阻低的特点。运算放大器是模拟电子电路中应用很广泛的器件,如常用的 μA741、LM324、TL084、OP07 等。按照集成运算放大器的参数可以分为:通用型、高阻型、低温漂型、高速型、低功耗型、高压大功率型、可编程控制型等,根据不同的应用场合需求,合理选择不同类型的器件。

详细资料可以扫描二维码:

运放的性能
参数

μA741
数据手册

LM324
数据手册

TL084
数据手册

OP07CD
数据手册

4.6　三端集成稳压器性能参数

三端集成稳压器属于线性稳压器件,是把功率调整管、误差放大器、取样电路等元器件均做在一个硅片中的集成芯片,它只引出电压输入端、稳定电压输出端和公共接地端(或调整端)三个电极,所以称其为三端集成稳压器。三端集成稳压器可以分为:三端固定正电压输出稳压器、三端固定负电压输出稳压器、三端可调正电压输出稳压器和三端可调负电压输出稳压器。输出电流有 0.1 A、0.5 A 与 1.5 A 三种,根据不同的应用场合,有多种封装形式。

详细资料可以扫描二维码:

稳压器性能
参数

78XX 数据手册

79XX 数据手册

LM317 数据手册

LM337 数据手册

4.7 集成功率放大器性能参数

集成功率放大器在模拟电子电路中一般是指集成低频功率放大器,也称为音频功率放大器,简称集成功放。集成功放的作用是将前级电路送来的微弱电信号进行功率放大,产生足够大的电流推动扬声器完成电声转换。集成功放由于外围电路简单、调试方便,所以被广泛应用在各类音频功率放大电路中。如常用的集成功放有:LM386、LA4265、AN7112 等。

详细资料可以扫描二维码:

集成功放性能　　LM386 数据手册　　LA4265 数据手册　　AN7112 数据手册
参数

4.8 555 集成定时器性能参数

555 定时器是一款数字模拟混合的多功能集成电路,通过外围电阻、电容等元件的合理配合,可以很方便地构成施密特比较器、单稳态触发器,以及矩形波、三角波等各种波形产生电路,在很多场合都得到广泛的应用。如可以用在电子计时设备中的电子钟、计时器、秒表等;用在自动控制系统中的定时启停、按时间序列运行等;在电子闹钟和定时声光报警系统中也经常用 555 定时器作为核心器件。不同的制造商生产的 555 芯片有不同的结构,另外还有集成了两个 555 定时器的 556,以及低功耗的版本 7555 与使用 CMOS 电路的 TLC555。

详细资料可以扫描二维码:

定时器性能　　NE555 数据手册　　TLC555 数据手册　　NE556 数据手册　　7555 数据手册
参数

参考文献

［1］堵国樑. 模拟电子电路基础［M］. 北京：机械工业出版社，2014

［2］王尧. 电子线路实践［M］. 南京：东南大学出版社，2011

［3］杨建国，新概念模拟电路（中）：频率特性和滤波器［M］. 北京：人民邮电出版社，2023

［4］孙宏国，周云龙. 电子系统设计与实践［M］. 2 版. 北京：清华大学出版社，2018

［5］孙肖子. 现代电子线路和技术实验简明教程［M］. 2 版. 北京：高等教育出版社，2009

［6］何宝祥，朱正伟，刘训非，等. 模拟电路机器应用［M］. 北京：清华大学出版社，2008

［7］李金平，沈明山，姜余祥. 电子系统设计［M］. 2 版. 北京：电子工业出版社，2012

［8］杨艳，傅强. 模拟电子设计导论［M］. 北京：电子工业出版社，2016